大数据应用与技术丛书

Hadoop 高级数据分析

使用 Hadoop 生态系统设计和构建大数据系统

[美] Kerry Koitzsch 著

王建峰　王瑛琦
于金峰　译

清华大学出版社

北京

Pro Hadoop Data Analytics: Designing and Building Big Data Systems Using the Hadoop Ecosystem
By Kerry Koitzsch
EISBN：978-1-4842-1909-6
Original English language edition published by Apress Media.
Copyright © 2017 by Apress Media. Simplified Chinese-Language edition copyright © 2018 by Tsinghua University Press.
All rights reserved.

本书中文简体字版由 Apress 出版公司授权清华大学出版社出版。未经出版者书面许可，不得以任何方式复制或抄袭本书内容。

北京市版权局著作权合同登记号　图字：01-2017-5752

本书封面贴有清华大学出版社防伪标签，无标签者不得销售。
版权所有，侵权必究。侵权举报电话：010-62782989　13701121933

图书在版编目(CIP)数据

Hadoop 高级数据分析　使用 Hadoop 生态系统设计和构建大数据系统 /(美)克里·柯伊兹(Kerry Koitzsch) 著；王建峰，王瑛琦，于金峰 译. —北京：清华大学出版社，2018
（大数据应用与技术丛书）
书名原文：Pro Hadoop Data Analytics: Designing and Building Big Data Systems Using the Hadoop Ecosystem
ISBN 978-7-302-48730-2

Ⅰ. ①H… Ⅱ. ①克… ②王… ③王… ④于… Ⅲ. ①数据处理软件 Ⅳ. ①TP274

中国版本图书馆 CIP 数据核字(2017)第 271344 号

责任编辑：王　军　韩宏志
封面设计：孔祥峰
版式设计：思创景点
责任校对：牛艳敏
责任印制：沈　露

出版发行：清华大学出版社
　　　　网　　址：http://www.tup.com.cn, http://www.wqbook.com
　　　　地　　址：北京清华大学学研大厦 A 座　　　　邮　编：100084
　　　　社 总 机：010-62770175　　　　　　　　　　邮　购：010-62786544
　　　　投稿与读者服务：010-62776969, c-service@tup.tsinghua.edu.cn
　　　　质 量 反 馈：010-62772015, zhiliang@tup.tsinghua.edu.cn

印 装 者：三河市铭诚印务有限公司
经　　销：全国新华书店
开　　本：185mm×260mm　　　印　张：15.25　　　字　数：334 千字
版　　次：2018 年 1 月第 1 版　　　印　次：2018 年 1 月第 1 次印刷
印　　数：1～4000
定　　价：59.80 元

产品编号：075322-01

译者序

大数据类型多样、数量庞大、变化快速，这些特征对大数据分析师提出了新挑战。作为一种应对方案，大数据分析技术广泛应用于物联网、云计算等新兴领域，能够帮助企业用户在合理时间内处理海量数据，并为改善经营决策提供有效帮助。目前，存在多种大数据分析工具，相关技术正在不断走向成熟。Hadoop 作为一种优秀的开源框架，基于该架构的数据分析应用具有显著技术优势和应用前景，目前与 Hadoop 大数据分析相关的出版物中，大多偏重于理论和技术介绍，有关具体应用实践方面的书籍相对偏少。

为了满足应用需求，本书以设计并实现用于获取、分析、可视化大数据集的软件系统为目标，以应用案例为背景，系统地介绍利用 Hadoop 及其生态系统进行大数据分析的各种工具和方法；本书讲述 Hadoop 大数据分析的基本原理，呈现构建分析系统时所使用的标准架构、算法和技术，对应用案例进行了深入浅出的剖析，为读者掌握大数据分析基础架构及实施方法提供了详明实用的方案。

本书在注重 Hadoop 数据分析理论的同时，与大数据分析案例实践相结合，以生物、电信、资源勘查等行业真实案例为主线，详细讲解 Hadoop 高级数据分析的过程。使读者可以自己动手实践，亲自体会开发的乐趣及大数据分析的强大魅力。通过本书的学习，读者能够更加快速且有效地掌握 Hadoop 数据分析方法并积累实践经验。阅读本书，可以帮助读者了解并掌握 Hadoop 高级数据分析技术的具体操作方法，让读者真正理解其核心概念和基本原理。

在此要感谢清华大学出版社的编辑们，他们为本书的翻译投入了巨大的热情并付出了很多心血。没有你们的帮助和鼓励，本书不可能顺利付梓。

对于这本经典之作，译者本着以行业标准术语为翻译基础，以网络释义词典为补充的方法，在翻译过程中力求"信、达、雅"，但是鉴于译者水平有限、时间仓促，书中难免会出现一些错误和不当之处，恳请读者批评指正。

本书全部章节由王建峰、王瑛琦、于金峰翻译。参与本书翻译工作的还有博士研究生何鸣、张耘、陈田田等，硕士研究生赵新宇、李浩然等参与了本书的校对工作，在此一并致谢。

作者简介

　　Kerry Koitzsch 在计算机科学、图像处理和软件工程等领域拥有超过二十年的工作经验，致力于研究 Apache Hadoop 和 Apache Spark 技术。Kerry 擅长软件咨询，精通一些定制的大数据应用，包括分布式搜索、图像分析、立体视觉和智能图像检索系统。Kerry 目前就职于 Kildane 软件技术股份有限公司，该公司是加州桑尼维尔市的一个机器人系统和图像分析软件提供商。

技术审校者简介

Simin Boschma 在计算机工程设计方面拥有超过二十年的经验,曾从事程序设计和合作伙伴管理工作,也曾在硅谷、惠普、SanDisk 等高科技公司从事商业软硬件产品开发。另外,Simin 还拥有超过十年的技术撰写、审查及出版技术经验。Simin 目前就职于加州桑尼维尔市的 Kildane 软件技术股份有限公司。

致 谢

感谢编辑 Celestin Suresh John 和 Prachi Mehta,是他们给予了宝贵的帮助。没有他们,本书就无法顺利完成。同时感谢技术审校者 Simin Bochma 的专业协助。

前言

Apache Hadoop 软件库逐渐受到重视。它是许多公司、政府机构、科研设施进行高级分布式开发的基础。Hadoop 生态系统现在包含几十个组件用于搜索引擎、数据库和数据仓库进行图像处理、深度学习及自然语言处理。随着 Hadoop2 的出现，不同的资源管理器可用于提供更高级别的复杂性和控制力。竞争对手、替代品以及 Hadoop 技术和架构的继承/变种比比皆是，包括 Apache Flink、Apache Spark 等。软件专家和评论员多次宣布"Hadoop 的死亡"。

我们必须正视一个问题：Hadoop 死了吗？这取决于 Hadoop 本身的感知界限。我们是否认为 Apache Spark 是 Hadoop 批处理文件方法的内存继承者，是 Hadoop 家族的一部分，仅仅因为 Apache Spark 也使用了 Hadoop 文件系统 HDFS？存在很多"灰色区域"的其他例子，其中较新的技术取代或增强了原有的"Hadoop 经典"功能。分布式计算是一个不断移动的目标，是 Hadoop 和 Hadoop 生态系统的分界线，在短短几年间已经发生了显著变化。在本书中，我们试图展示 Hadoop 及其相关生态系统的一些多样的、动态的方面，并试图说服你，尽管 Hadoop 发生变化，但它依然非常活跃、与当前的软件开发相关并且使数据分析程序员特别感兴趣。

目　　录

第Ⅰ部分　概念

第1章　概述：用Hadoop构建数据分析系统 3
1.1　构建DAS的必要性 4
1.2　Hadoop Core及其简史 4
1.3　Hadoop生态系统概述 5
1.4　AI技术、认知计算、深度学习以及BDA 6
1.5　自然语言处理与BDAS 6
1.6　SQL与NoSQL查询处理 6
1.7　必要的数学知识 7
1.8　设计及构建BDAS的循环过程 7
1.9　如何利用Hadoop生态系统实现BDA 10
1.10　"图像大数据"(IABD)基本思想 10
  1.10.1　使用的编程语言 12
  1.10.2　Hadoop生态系统的多语言组件 12
  1.10.3　Hadoop生态系统架构 13
1.11　有关软件组合件与框架的注意事项 13
1.12　Apache Lucene、Solr及其他：开源搜索组件 14
1.13　建立BDAS的架构 15
1.14　你需要了解的事情 15
1.15　数据可视化与报表 17
  1.15.1　使用Eclipse IDE作为开发环境 18
  1.15.2　本书未讲解的内容 19
1.16　本章小结 21

第2章　Scala及Python进阶 23
2.1　动机：选择正确的语言定义应用 23
2.2　Scala概览 24
2.3　Python概览 29
2.4　错误诊断、调试、配置文件及文档 31
  2.4.1　Python的调试资源 32
  2.4.2　Python文档 33
  2.4.3　Scala的调试资源 33
2.5　编程应用与示例 33
2.6　本章小结 34
2.7　参考文献 34

第3章　Hadoop及分析的标准工具集 35
3.1　库、组件及工具集：概览 35
3.2　在评估系统中使用深度学习方法 38
3.3　使用Spring框架及Spring Data 44
3.4　数字与统计库：R、Weka及其他 44
3.5　分布式系统的OLAP技术 44
3.6　用于分析的Hadoop工具集：Apache Mahout及相关工具 45
3.7　Apache Mahout的可视化 46
3.8　Apache Spark库与组件 46
  3.8.1　可供选择的不同类型的shell 46
  3.8.2　Apache Spark数据流 47
  3.8.3　Sparkling Water与H2O机器学习 48

- 3.9 组件使用与系统建立示例 ········ 48
- 3.10 封包、测试和文档化示例系统 ························ 50
- 3.11 本章小结 ···························· 51
- 3.12 参考文献 ···························· 51

第 4 章 关系、NoSQL 及图数据库 ······· 53
- 4.1 图查询语言：Cypher 及 Gremlin ··························· 55
- 4.2 Cypher 示例 ························ 55
- 4.3 Gremlin 示例 ······················ 56
- 4.4 图数据库：Apache Neo4J ······ 58
- 4.5 关系数据库及 Hadoop 生态系统 ··························· 59
- 4.6 Hadoop 以及 UA 组件 ············ 59
- 4.7 本章小结 ···························· 63
- 4.8 参考文献 ···························· 64

第 5 章 数据管道及其构建方法 ··········· 65
- 5.1 基本数据管道 ························ 66
- 5.2 Apache Beam 简介 ················ 67
- 5.3 Apache Falcon 简介 ·············· 68
- 5.4 数据源与数据接收：使用 Apache Tika 构建数据管道 ······ 68
- 5.5 计算与转换 ·························· 70
- 5.6 结果可视化及报告 ················ 71
- 5.7 本章小结 ···························· 74
- 5.8 参考文献 ···························· 74

第 6 章 Hadoop、Lucene、Solr 与高级搜索技术 ························· 75
- 6.1 Lucene/Solr 生态系统简介 ······ 75
- 6.2 Lucene 查询语法 ·················· 76
- 6.3 使用 Solr 的编程示例 ············ 79
- 6.4 使用 ELK 栈(Elasticsearch、Logstash、Kibana) ················ 85
- 6.5 Solr 与 Elasticsearch：特点与逻辑 ······························ 93
- 6.6 应用于 Elasticsearch 和 Solr 的 Spring Data 组件 ················ 95
- 6.7 使用 LingPipe 和 GATE 实现定制搜索 ······························ 99
- 6.8 本章小结 ·························· 108
- 6.9 参考文献 ·························· 108

第 II 部分 架构及算法

第 7 章 分析技术及算法概览 ············ 111
- 7.1 算法类型综述 ···················· 111
- 7.2 统计/数值技术 ··················· 112
- 7.3 贝叶斯技术 ······················ 113
- 7.4 本体驱动算法 ···················· 114
- 7.5 混合算法：组合算法类型 ···· 115
- 7.6 代码示例 ·························· 116
- 7.7 本章小结 ·························· 119
- 7.8 参考文献 ·························· 119

第 8 章 规则引擎、系统控制与系统编排 ·································· 121
- 8.1 规则系统 JBoss Drools 介绍 ······ 121
- 8.2 基于规则的软件系统控制 ···· 124
- 8.3 系统协调与 JBoss Drools ······ 125
- 8.4 分析引擎示例与规则控制 ···· 126
- 8.5 本章小结 ·························· 129
- 8.6 参考文献 ·························· 129

第 9 章 综合提升：设计一个完整的分析系统 ······························ 131
- 9.1 本章小结 ·························· 136
- 9.2 参考文献 ·························· 136

第Ⅲ部分　组件与系统

第10章　数据可视化：可视化与交互分析 139
- 10.1 简单的可视化 139
- 10.2 Angular JS 和 Friends 简介 143
- 10.3 使用 JHipster 集成 Spring XD 和 Angular JS 143
- 10.4 使用 d3.js、sigma.js 及其他工具 152
- 10.5 本章小结 153
- 10.6 参考文献 153

第Ⅳ部分　案例研究与应用

第11章　生物信息学案例研究：分析显微镜载玻片数据 157
- 11.1 生物信息学介绍 157
- 11.2 自动显微镜简介 159
- 11.3 代码示例：使用图像填充 HDFS 162
- 11.4 本章小结 165
- 11.5 参考文献 165

第12章　贝叶斯分析组件：识别信用卡诈骗 167
- 12.1 贝叶斯分析简介 167
- 12.2 贝叶斯组件用于信用卡诈骗检测 169
- 12.3 本章小结 172
- 12.4 参考文献 172

第13章　寻找石油：使用 Apache Mahout 分析地理数据 173
- 13.1 基于领域的 Apache Mahout 推理介绍 173
- 13.2 智能制图系统和 Hadoop 分析 179
- 13.3 本章小结 180
- 13.4 参考文献 180

第14章　"图像大数据"系统：一些案例研究 181
- 14.1 图像大数据简介 181
- 14.2 使用 HIPI 系统的第一个代码示例 184
- 14.3 BDA 图像工具包利用高级语言功能 187
- 14.4 究竟什么是图像数据分析？ 187
- 14.5 交互模块和仪表板 189
- 14.6 添加新的数据管道和分布式特征查找 189
- 14.7 示例：分布式特征查找算法 190
- 14.8 IABD 工具包中的低级图像处理程序 194
- 14.9 术语 194
- 14.10 本章小结 195
- 14.11 参考文献 195

第15章　构建通用数据管道 199
- 15.1 示例系统的体系架构和描述 199
- 15.2 如何获取和运行示例系统 200
- 15.3 管道构建的五大策略 200
  - 15.3.1 从数据源和接收装置工作 200

15.3.2　由中间向外发展……………200
　　15.3.3　基于企业集成模式(EIP)的
　　　　　　开发…………………………200
　　15.3.4　基于规则的消息管道开发…201
　　15.3.5　控制+数据(控制流)管道……202
15.4　本章小结……………………………202
15.5　参考文献……………………………203

第16章　大数据分析的总结与展望……205
16.1　总结…………………………………205
16.2　大数据分析的现状…………………206
16.3　"孵化项目"和"初期
　　　项目"…………………………………208
16.4　未来Hadoop及其后续思考………209

16.5　不同观点：目前Hadoop的
　　　替代方案……………………………211
16.6　在"未来Hadoop"中使用机器
　　　学习和深度学习技术………………211
16.7　数据可视化和BDA的前沿
　　　领域…………………………………212
16.8　结束语………………………………212

附录A　设置分布式分析环境………………215
**附录B　获取、安装和运行示例分析
　　　　系统**……………………………………227

第Ⅰ部分 概念

本书第Ⅰ部分描述基本概念、结构、分布式分析软件系统的使用,以及该分布式系统的好处和使用它时的一些必要工具。同时介绍一些在建立系统时需要用到的分布式基础架构,包括 Apache Hadoop 及其生态系统。

第 1 章

概述：用 Hadoop 构建数据分析系统

本书将设计并实现用于获取、分析、可视化大数据集的软件系统。全书将使用缩略词 BDA 或 BDAS(Big Data Analytics System，大数据分析系统)描述此类软件。当然，首先需要对大数据本身进行解释。作为计算机程序员和架构师，我们知道现在通常所说的"大数据"已经伴随我们很长一段时间了——大约有十多年。事实上，因为"大数据"一直以来就是一个相对的、多维度的术语，并非仅仅根据数据容量进行定义。复杂性、速度和准确性——当然，也包含数据容量，构成了现代"大数据集合"的所有维度。

本章将讨论基于 Hadoop 的 BDAS 到底是什么，为什么它们非常重要，可以采用什么样的数据源、数据接收装置和仓库，以及哪些候选应用适合基于 Hadoop 的分布式系统方法，哪些应用不适合。我们还将简要讨论在构建此类系统时，能够替代 Hadoop/Spark 环境的其他环境。

软件开发总让人感到有种紧迫感，BDAS 的开发也不例外。即使是在这个蓬勃发展的新兴行业的初期，BDA 已经被要求以更快的速度处理和分析越来越多的数据，而且需要更深层次的理解能力。当我们考察软件系统构建和开发的具体细节时，无论对于抽象的计算机科学，还是对于计算机技术的应用来说，以更广泛的方式处理越来越多的数据始终是一个关键目标。同样，对于大数据应用和大数据系统来说，这条规则也不例外。这样当我们在思考可用的全局数据源为何在过去几年呈现爆炸式增长时，就不会感到奇怪，如图 1-1 所示。

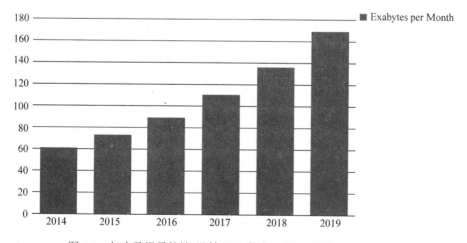

图 1-1　年度数据量统计(思科 VNI 全球 IP 流量预测 2014～2019)

由于软件组件和廉价现货处理能力的快速发展以及软件开发本身的快速发展，期望为其应用建立 BDA 的架构师和程序员对在 BDA 领域所面对的大量技术和策略选择问题常感到无所适从。本章将对 BDA 进行总体概述，并试图确定一些在构建 BDAS 时常常面对的技术问题。

1.1 构建 DAS 的必要性

由于传统的业务分析方法不能满足现代分析应用所面临的处理大容量、复杂性、多格式和快速数据的需求，因此 DAS(Distributed Analytical System，分布式分析系统)应运而生。DAS 环境除了软件以外，还以另外一种方式发生了戏剧性的变化。硬件开销——计算和存储开销大幅下降。类似 Hadoop 之类的工具应用于由相对低廉的机器和磁盘所构成的集群环境中，过去对大型数据项目来说必须具备的分布式处理已成为平常之事。同时，从实现分布式计算来看，目前存在大量的支持软件(框架、库、工具包)。的确，从技术栈(可选集)中选择可用技术已经成为一个严峻的问题，解决该问题的关键在于详细考察应用需求和可用资源。

从历史来看，硬件技术决定了软件组件的能力，在数据分析领域尤其如此。传统数据分析的主要工作针对基于文件的数据集或直接连接到关系数据库，实现统计的可视化(直方图、饼图、表格报告等)。计算引擎通常在单一服务器上采用批处理方式实现。随着分布式计算新时代的到来，利用计算机集群实现对大数据问题的分而治之成为计算的标准方式；其可扩展能力使得我们能够超越单台计算机的能力限制，尽可能多地增加所需(或者说我们能够负担得起)的硬件现货。类似 Ambari、Zookeeper 和 Curator 之类的软件工具帮助我们管理集群并提供可扩展能力，以及实现集群资源的高可用性。

1.2 Hadoop Core 及其简史

某些软件思想已经存在很长时间，以至于已经无法说它们是计算机的历史，而应当说它们是计算机的古董。"MapReduce(映射-规约)"问题求解方法可以追溯到第二古老的计算机编程语言 LISP(List Processing，列表处理)，可追溯到 20 世纪 50 年代，map、reduce、send 以及 lambda 是 Lisp 语言的标准函数。几十年后，我们现在所熟知的基于 Java 开源代码的分布式处理框架 Apache Hadoop 并非是"从头开始"的新东西。它源于 Apache Nutch，一种开源的 Web 搜索引擎，而 Nutch 则基于 Apache Lucene。有趣的是，R 统计库(本书后续章节将深入讨论)也受到 Lisp 的影响，最初是用 LISP 语言编写的。

在开始讨论 Hadoop 生态系统前，首先简单介绍一下 Hadoop Core 组件。顾名思义，Hadoop Core 是 Hadoop 框架的基础(见图 1-1)。支持组件、架构，当然还包括附属库、问题求解组件以及被称为 Hadoop 生态系统的子框架，它们都建立在 Hadoop Core 基础之上，如图 1-2 所示。请注意在本书中，我们将不会讨论 Hadoop 1，因为它已经被新的实现 YARN(另一种资源协调器)所取代。同时也请注意，在 Hadoop 2 系统中，MapReduce

并未消失，只是被模块化并抽象化为一种组件，以便能够更好地与其他数据处理模块协同工作。

图 1-2　Hadoop 2 Core 图示

1.3　Hadoop 生态系统概述

　　Hadoop 及其生态系统加上随之不断壮大的框架和库，始终是 BDA 领域不容忽视的力量。本书其他部分将帮助读者对 BDA 所面临的挑战制定一个集中化解决方案，同时提供最低限度的背景和上下文，帮助读者学习在 BDA 求解中可以用到的新方法。Hadoop 及其生态系统通常可以划分为如图 1-3 所示的主要分类或功能块。读者将会注意到图中还包含几个额外的用于关联组件以及实现安全功能的模块。你也可以根据自己的需求为 BDAS 添加一些支持库和框架。

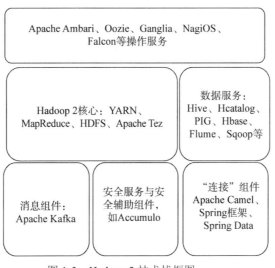

图 1-3　Hadoop 2 技术栈框图

> **注意**
>
> 在本书中，我们将反复强调开放的第三方组件，例如 Apache 组件和前面提到的库。但这并不意味着你不能集成自己喜欢的图数据库或关系数据库作为 BDAS 的数据源。我们还将强调开源组件的灵活性和模块化，用最少的附加软件"组合件"将数据管道组件整合起来。在讨论中，我们将使用 Spring 框架的 SpringData 组件以及 Apache Camel，提供集成"组合件"用于支持组件链接。

1.4 AI 技术、认知计算、深度学习以及 BDA

BDA 不再只是简单的统计分析。随着 BDAS 及其支持框架的不断发展，机器学习(Machine Learning，ML)、人工智能(Artificial Intelligence，AI)、图像及信号处理等技术以及其他一些复杂的技术(包括被称为"认知计算"的技术)逐渐成熟并成为数据分析工具包的标准组件。

1.5 自然语言处理与 BDAS

实践表明，自然语言处理(Natural Language Processing，NLP)组件能够在大量不同类型的领域中发挥重要作用，从对收据及发票的扫描及解释，到对医院里药房和医疗记录中处方数据的复杂处理，以及其他许多采用非结构化和半结构化数据的领域。在处理此类"混合与匹配"类型的数据源时，其中条形码、签名、图像与信号、地理数据(GPS 定位)以及其他数据类型混杂在一起，Hadoop 成为一种自然的选择。在处理各种不同类型的海量文件分析时，Hadoop 也是一种强有力的手段。

本书还将在不同章节讨论被称为"语义网"的技术，例如分类与本体、基于规则的控制、自然语言处理组件等。现在可以说自然语言处理技术已经跳出了研究领域，进入实际应用开发领域，包含大量的工具包和库可供选择。本书将讨论一些自然语言处理工具包，包括基于 Python 的自然语言工具包(Natural Language Toolkit，NLTK)、Stanford 自然语言处理以及一种基于 Apache Hadoop 的用于海量文档分析的开源平台 Digital Pebble's Behemoth。

1.6 SQL 与 NoSQL 查询处理

如果数据不被查询，则无法体现其价值。查询数据集的过程，无论是采用 Oracle 或 MySQL 等关系数据库生成的包含键-值对集合的结果集，还是从 Neo4j 或 Apache Giraph 等图数据库生成的顶点与边的结果表示，均需要对数据开展过滤、排序、分组、组织、比较、划分及评估等工作。这些工作导致查询语言(例如 SQL)的发展，也导致了与查询语言相关联的"NoSQL"组件和诸如 HBase、Cassandra、MongoDB、CouchBase 等数据库的变化。

本书将主要采用 REPL(Read-Eval-Print Loops)、交互式 shell(例如 IPython)以及其他交互式工具来表示查询，无论它们与何种软件组件关联，我们都会尽量将查询与大家所熟知的 SQL 概念关联起来。例如，一些类似 Neo4j(在后续章节中将详细讨论)之类的图数据库有它们自己的类 SQL 查询语言。本书将尝试并坚持尽可能采用传统的类 SQL 查询，但在此过程中也会指出一些能够替代 SQL 范式的方法。

1.7 必要的数学知识

本书尽量不涉及数学概念和方法。然而有些时候，数学方程式却是必不可少的。有时理解要解决的问题和实现方案的最好方式是采用数学方式和路线；再次指出，在某些情况下"必要的数学知识"将成为解决困惑的关键因素。数据模型、神经网络、单个或多分类器和贝叶斯图技术至少需要了解这些系统的底层动力机制。同时，对程序员和架构师来说，必要的数学知识几乎总是能够转换为有用的算法，进而成为可用的实现方法。

1.8 设计及构建 BDAS 的循环过程

目前当考虑构建 BDAS 时存在一些好的消息。Apache Spark 及其内存计算模型是主要的积极因素之一，但也存在其他的原因告诉我们为什么构建 BDAS 非常困难。涉及的主要原因如下：

- 大量框架和集成开发环境(IDE)可用于辅助开发。
- 若有需要，大量成熟并经过严格检验的组件可用于帮助构建 BDAS 和公司支持的 BDAS 产品。成熟的框架(例如 Spring Framework、Spring Data 子框架、Apache Camel 以及其他大量产品)可提供可靠的核心基础设施，有助于分布式系统的开发。
- 存在包含大量开发者论坛和聚会的重要的在线和个人 BDA 开发社区。在 BDA 设计和开发中，如果遇到架构或技术问题，用户社区中的某些人能够为你提供有益的帮助。

本书中，我们将使用下列包含 10 个步骤的过程来定义并构建 BDA 示例系统。该过程仅仅是一个建议方案。你可以采用下面列出的过程并根据自己的实际情况加以完善，增加或删除结构或步骤，或者提出自己的开发过程。是否采用或完善取决于你自己的考虑。在规划或组织 BDA 项目，以及在开发或建立这些项目的过程中遇到问题时，你会发现采用该过程是非常有效的。

读者可能会注意到定义、实现、测试及文档化都被融合到整个过程中。在整个开发周期中，当需求和使用的技术相对稳定时，此处描述的过程特别适于快速迭代开发过程。

定义和构建 BDAS 的基本步骤如下。整个周期的描述如图 1-4 所示。

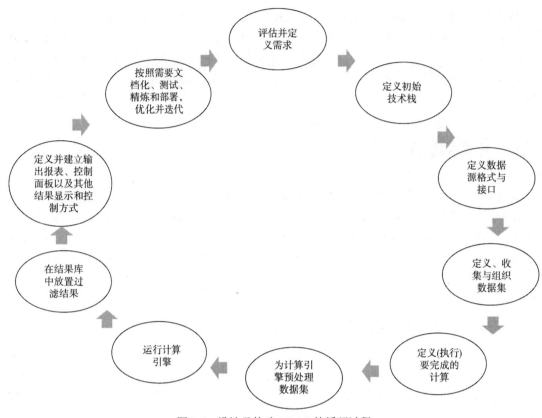

图 1-4 设计及构建 BDAS 的循环过程

1. 识别并获取 BDA 系统的需求

开发初期需要建立一个有关技术、资源、工具和策略以及要实现目标所需其他组成部件的大纲。初始的目标集合(往往最易发生变化)需要被明确地固定下来，排好顺序，并加以定义。随着对项目需求理解的不断深入，目标及其他需求是最容易发生变化的。BDAS 具有特殊的需求(可能包括 Hadoop 集群中应当包括什么内容、特定的数据来源、用户接口、报表、仪表板等需求)。建立一个涉及数据源类型、数据库接收装置、必要的语法分析、转换、验证以及数据安全关注点的列表，以便使需求能够适应 BDA 技术所具有的灵活、可变属性，这样能够确保你以模块化、组织化的方式对系统进行修改。对计算和过程中的组件加以区分，决定是采用批处理，还是采用流处理方式(或者同时采用两种方式)，画出计算引擎的工作流图。这些工作都将有助于定义和理解系统的"业务逻辑"。

2. 定义初始技术栈

初始技术栈将包括满足上一步所定义需求的 Hadoop Core 以及合适的生态系统组件。如果需要支持数据流，或者需要使用本书后续部分讨论的基于 Spark 的机器学习库，则可以包括 Apache Spark。记住你需要使用的编程语言。如果使用 Hadoop，可以将 Java 语言包含在技术栈中。如果使用 Apache Spark，则采用 Scala 语言。后续章节中将讨论的 Python 包含大量有趣的特殊应用。若有特殊需求，则还可以采用其他语言。

3. 定义数据源、输入/输出数据格式以及数据清洗处理

在需求获取阶段(步骤 0)，将建立初始的数据源/数据接收装置类型列表，并建立有助于定义数据管道的顶层流程图。在 BDAS 中，可以定义外部数据源，包括图像、地理位置、时间戳、日志文件等。因此，在开展初始设计工作时，有必要在手中保留一份数据源(以及数据接收装置)类型的当前列表。

4. 定义、收集和组织初始数据集

项目中可能包含初始数据，这些数据可能包括测试和训练数据(关于训练数据，本书后续章节将讨论更多与其相关的内容)以及先前系统的遗留数据，或者根本没有数据。仔细考虑一下数据集的最小数量(数量、种类、容量)，并获取或建立需要的数据。请注意当添加新代码时，为完成适当的测试工作，可能需要添加新的数据集。应当将初始数据集在数据管道的每个模块中都测试一下，确保整个处理畅通可行。

5. 定义需要完成的计算工作

以概念形式呈现的业务逻辑来自需求阶段，但这些逻辑是什么以及如何实现将随着时间不断发生变化。在该阶段，定义要对数据元素执行的输入、输出、规则和转换策略。这些定义将在步骤 6 中实现。

6. 利用计算引擎对使用的数据集合开展预处理工作

有时数据集合需要经过预处理：验证、安全检查、清洗、转换为更适合处理的格式，当然也可以包含相关的其他步骤。建立必须满足的预处理目标的列表，在开发过程中需要持续不断地关注相关的问题，随着开发的不断深入，对列表中的对象进行必要的修改。

7. 定义计算引擎步骤；定义结果的格式

需要持续不断地关注业务逻辑、数据流、精确的结果、算法以及实现的正确性，关注计算引擎的效率，发现存在的问题并加以改进。

8. 将过滤的结果放入数据接收装置的结果库中

数据接收装置是保存数据管道最终输出结果的数据仓库。在输出数据被生成报表或展示前，将采取几个步骤用于开展过滤或转换工作。分析获得的最终结果可以存储在文件、数据库、临时库、报表或其他由需求所定义的存储形式中。记住来自用户接口或执行仪表板的用户行为，可能对格式、容量、输出的展现具有影响。其中一些交互结果可能需要持久存储在数据库中。应当为数据输出、报表、展现和持久性建立一个特定的需求列表。

9. 定义并建立输出报表、仪表板以及其他输出展现和控制

输出的展现及报表，其建立是为能够清晰地展示所有分析计算工作的结果。BDAS 的

组件通常采用或至少部分采用 JavaScript 并且可能会采用复杂的可视化库，用于帮助不同种类的仪表板、报表和其他输出的展示。

10. 文档、测试、细化改善以及重复

若有必要，在完成需求、栈、算法、数据集合及其他部分的细化工作后，我们可以再次考虑完成的步骤。文档最初包含最后七个步骤中的各种注意事项，但随着开发的不断深入，这些初始文档往往需要细化和重写。需要在每次循环中建立测试、细化并持续改进。每个开发循环可以生成一个版本、一个迭代过程，或采用你所喜欢的方式组织程序循环迭代工作。

如上所述，是构建 BDAS 的基本步骤。系统化地使用这些迭代过程将确保你能够设计并建立与本书描述的实例相媲美的 BDAS。

1.9 如何利用 Hadoop 生态系统实现 BDA

Hadoop 系统对 BDA 的实现是通过连接数据管道结构中所有必要的成分(数据源、转换、基础架构、持久性以及可视化)来实现的，同时允许这些组件以分布式方式操作。Hadoop Core(某些情况下采用 Apache Spark,或者甚至同时采用 Hadoop 和 Storm 组成的混合系统)通过类似 Zookeeper、Curator 以及 Ambari 等组件支持分布式系统架构和集群(节点)协作。在 Hadoop Core 的顶层，生态系统提供复杂的库来支持分析、可视化、持久性和报表的实现。

不应当将 Hadoop 生态系统仅仅看成 Hadoop Core 功能的附属库。生态系统为 Hadoop Core 提供集成的、无缝连接的组件，目标在于解决特定的分布式问题。例如，Apache Mahout 提供了分布式机器学习算法工具包。

利用经过周详考虑构建的应用程序接口(API)，可方便地实现 Hadoop 引擎及其他计算单元与数据源的连接。利用 Apache Camel、Spring Framework、Spring Data 和 Apache Tika 的"关联"能力，我们能够实现所有组件与应用的数据流引擎的连接。

1.10 "图像大数据"(IABD)基本思想

图像——图片和信号是传播最广泛、有用的、复杂的"大数据类型"信息的来源。

图像通常被认为是由包含原子单元的二维数组构成，其中原子单元被称为像素，事实上(不含一些相关的元数据)，这种格式是类似于 Java 的计算机编程语言所采用的图像表示方法，且与 Java 高级图像处理(Java Advanced Imaging，JAI)、OpenCV、BoofCV 等图像处理库关联。然而，生态系统从此二维数组中"抽取出"需要的部分：线段和形状、颜色、元数据、上下文信息、边界、曲线以及这些部分之间的关系。逐渐明了的是图像(相关的数据，例如来自传感器、来自麦克风或测距仪的时间序列和"信号"等数据)是大数据最具有

第 1 章 概述：用 Hadoop 构建数据分析系统

代表性的类型，可以说图像的分布式 BDA 是由生态系统实现的。毕竟，多数情况下，当我们驾驶汽车时，我们需要完成的是复杂的基于分布式系统的三维立体视觉处理。

图像作为大数据源的好处在于，它不再像过去那样处理非常困难。先进的库可用于实现 Hadoop 与其他需要的组件之间的接口，例如图像数据库或类似 Apache Kafka 这类的消息组件。低层次的库，包括 OpenCV 或 BoofCV 等，如果需要的话，能够提供图像处理原语。编写的代码小巧方便。例如，可以利用如下的 Java 类编写一个简单的、带滚动条的图像浏览器(如代码清单 1-1 所示)。

代码清单 1-1　Hello image world：如图 1-5 所示的图像可视化 Stub(存根)的 Java 代码

```java
package com.kildane.iabt;
import java.awt.image.RenderedImage;
import java.io.File;
import java.io.IOException;

import javax.media.jai.JAI;
import javax.imageio.ImageIO;
import javax.media.jai.PlanarImage;
import javax.media.jai.widget.ScrollingImagePanel;
import javax.swing.JFrame;

/**
 * Hello IABT world!
 * The worlds most powerful image processing toolkit (for its size)?
 */
public class App
{
    public static void main(String[] args)
    {
        JAI jai = new JAI();
        RenderedImage image = null;
            try{
               image = ImageIO.read(new File("/Users/kerryk/Documents/SA1_057_62_
                   hr4.png"));
            } catch (IOException e) {
                e.printStackTrace();
            }
            if(image == null){ System.out.println("Sorry, the image was null"); return; }
            JFrame f = new JFrame("Image Processing Demo for Pro Hadoop Data Analytics");
        ScrollingImagePanel panel = new ScrollingImagePanel(image, 512, 512);
        f.add(panel);
        f.setSize(512, 512);
        f.setVisible(true);
        System.out.println("Hello IABT World, version of JAI is: " + JAI.getBuildVersion());
    }
}
```

图1-5　高级第三方库，使得图像可视化组件的构建方便容易，仅包含为数不多的几行代码

然而，构建简单的图像浏览器仅仅是图像BDA的开始。后续的工作还包括低层图像处理、特征获取、转换为分析所需的适当的表达形式，最后将结果导出到报表、仪表板或用户定制的结果展示方式上。

在本书第14章中，我们将更详尽地探索IABD(Images as Big Data，图像大数据)的概念。

1.10.1　使用的编程语言

首先，简单讨论一下编程语言。Hadoop及其生态系统最初是用Java语言开发的，目前Hadoop子系统几乎能够绑定所有语言，包括Scala和Python语言。这使得Hadoop非常容易在一个应用中建立需要的多语言系统，以便能够利用多种语言的有用特点。

1.10.2　Hadoop生态系统的多语言组件

在现代BDA领域中，采用单一语言的系统很少见。本书所讨论的较早开发的组件和支持库，一般都是采用一种编程语言编写的(例如，Hadoop本身采用Java编写，而Apache Spark采用Scala编写)，一般来说，BDAS是由不同的组件构成的，有时在同一个应用中同时使用Java、Scala、Python以及JavaScript等语言。此类多语言、模块化的系统通常被称为多语言系统。

目前程序员已经惯采用多语言系统。多语言方法的广泛使用主要是为了满足应用的需要：编写用于网络的仪表板适用于JavaScript等语言，例如在必要时，可单独采用Java Swing编写仪表板或者采用Web模式。主要是要考虑手边开发的应用采用何种语言效果更好、开发效率更高。本书我们将接纳多语言思想。一般地，针对基于Hadoop的组件采用Java，基于Spark的组件采用Scala，在必要时采用Python和脚本，为前端、仪表板以及图形绘图示例的开发采用基于JavaScript的工具集。

1.10.3 Hadoop 生态系统架构

Hadoop Core 提供了建立分布式系统功能的基础环境，附带的库和框架被认为是"Hadoop 生态系统"，提供到 API 和功能模块的有用连接，用于解决应用问题并建立分布式系统。

可以将 Hadoop 生态系统形象化为一种类似"太阳系"结构的系统，生态系统独立的组件与中心 Hadoop 组件关联，Hadoop Core 起到类似太阳系中心的"太阳"的作用，如图 1-6 所示。除了为 Hadoop 集群本身提供管理和记录功能外(例如，Zookeeper 和 Curator)，Hive 及 Pig 等标准组件提供数据仓库功能，Mahout 等辅助库还能提供标准机器学习算法支持。

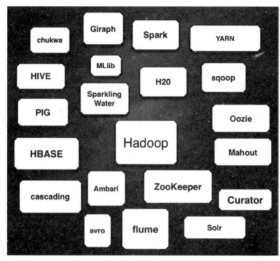

图 1-6　简化的 Hadoop 生态系统"太阳系"图

Apache ZooKeeper(zookeeper.apache.org)是一种为基于 Hadoop 及基于 Spark 系统的不同类型系统提供分布式协调服务的组件。它能够提供命名服务、组成员、锁等，提供分布式异步机制，以及高可用性和集中注册机制。ZooKeeper 具有一种包含"Z 节点"的层次化命名空间数据模型。Apache ZooKeeper 是一种开源软件，并由称为 Apache Curator 的有趣的辅助组件，一种客户端包装器提供支持，也是一种丰富的框架用于支持 ZooKeeper——中心组件。后续在设置运行 Kafka 消息系统的配置时，将讨论 ZooKeeper 和 Curator。

1.11　有关软件组合件与框架的注意事项

对任何建筑项目来说，"组合件"是必需的，软件项目也不例外。事实上，某些软件组合件，例如自然语言处理(NLP)组件 Digital Pebble Behemoth(后续我们将讨论相关细节)就自称为"组合件"。幸运的是，目前存在一些一般意义上的集成库和软件包，非常适合建立 BDA，如表 1-1 所示。

表 1-1 一些集成库和软件包

名称	位置	描述
Spring Framework	http://projects.spring.io/spring-framework	基于 Java 的应用开发框架,包含用于支持几乎所有应用开发需求的库
Apache Tika	tika.apache.org	从多种文件类型中检测并获取元数据
Apache Camel	Camel.apache.org	一种用于实现企业集成模式(EIP)的"组合件"组件
Spring Data	http://projects.spring.io/spring-data/	数据访问工具包,与 Spring 框架的其他部分紧密耦合
Behemoth	https://github.com/DigitalPebble/behemoth	海量文档分析"组合件"

为更有效地使用 Apache Camel,了解企业集成模式(EIP)是非常有益的。关于 EIP,有几本好书,如 *Enterprise Integration Patterns: Designing, Building, and Deploying Messaging Solution*(由 Pearson 公司于 2004 年出版),了解其内容对使用 Apache Camel 非常重要。

1.12 Apache Lucene、Solr 及其他:开源搜索组件

搜索组件作为查询引擎本身,对分布式计算是非常重要的,特别是对 BDA。事实上,有时类似 Apache Lucene 或 Apache Solr 之类的搜索引擎是查询引擎实现的关键部分。通过图 1-7,可以看到这些组件之间的交互。它表明 Lucene 的 Solr 组件有自己的生态系统,虽然该生态系统没有 Hadoop 生态系统那样庞大。尽管如此,Lucene 生态系统包括一些与 BDA 相关的软件资源。除 Lucene 和 Solr 外,Lucene 生态系统还包括 Nutch,一种可扩展的、便于升级的 Web 爬虫(nutch.apache.org)。NGDATA 的百合花(Lily)项目是一种非常有趣的软件框架,我们可以用它无缝地使用 HBase、ZooKeeper、Solr 及 Hadoop。百合花的客户端可以使用基于 Avro 的协议,实现与百合花的连接。Apache Avro 是一种数据序列化系统,可提供一种紧凑的、快速的二进制代码格式,包含与动态语言的简单集成。

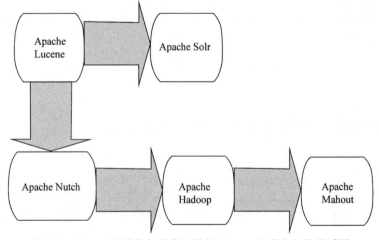

图 1-7 Hadoop 和其他与搜索相关的 Apache 组件之间的关系图

1.13 建立 BDAS 的架构

构建 BDAS 的部分问题在于软件开发与搭建建筑物存在很多差异。尽管具有一定的相似性，但这种近似仅仅是一种隐喻。在设计软件时，我们往往会使用一些隐喻和相似性来考虑我们应当做什么。我们将软件开发称为软件构建，因为软件开发过程与搭建房屋具有一定的相似性，应用于构建商业中心的一些基本原则也可以应用于软件系统的设计开发过程。

我们希望通过对技术历史的学习，减少重复像我们前辈那样的错误。作为学习的结果，产生了"最佳实践"、软件"模式"以及"错误模式"等方法，例如敏捷开发或迭代开发等，以及包含其他技术和策略的包罗万象的工具。这些资源可帮助我们在软件需求开发过程中提高质量、降低开销，提供有效的及可管理的解决方案。

"软件架构"这一隐喻出现问题，源于有关软件开发的一些现实问题。如果你在构建一个豪华宾馆时，突然决定要增加休闲健身房或在每个套间中增加壁炉，问题就出现了。重新设计房间平面格局或者要使用什么品牌的地毯等问题的决策都非常困难，对初期设想的改变将会付出巨大的代价。有时，我们需要冲出建筑隐喻的樊篱，考察软件架构与建筑隐喻存在差异的地方。

主要的差异与软件本身的动态、可变动属性相关。需求会变化，数据会变化，软件技术在快速更新。客户会根据自身需要改变其思想。有经验的软件工程师对这种弹性的、可塑的软件属性习以为常，相关的实现(软件及数据的灵活性)将影响从工具包到方法的所有组成部分，特别是对敏捷-类型开发方法论，它假定需求的快速变化是理所当然的事情。

上述抽象的思想将影响我们实际的软件架构选择策略。简而言之，在设计 BDAS 时，经受住时间考验的标准架构原则仍然可以使用。例如，我们可以在所有标准的 Java 编程项目中采用组织化原则。可以使用企业集成模式(EIP)帮助组织和集成项目中涉及的不同组件。可以继续使用传统的 n-层、客户机-服务器或点对点原则组织系统。

作为架构师，我们必须意识到作为一般性的分布式系统以及作为特殊性的 Hadoop 是如何改变实际系统建立的固定模式。架构师必须仔细考虑应用到 Hadoop 技术的模式，例如 MapReduce 模式及错误模式。这类知识非常关键。为此，在下一节中，我们将告诉读者，在建立有效的 Hadoop BDA 时，什么是需要了解的事情。

1.14 你需要了解的事情

在撰写本书时，我们期望本书读者有一些相关的基础知识。我们假设读者是有经验的程序员和/或架构师，你应当熟悉 Java，了解 Hadoop 并且熟悉 Hadoop 2 核心(包括 YARN)、Hadoop 生态系统，了解从头开始建立 Java 类应用的基本机制。以上假设意味着，读者应当熟悉集成开发环境(例如 Eclipse，稍后将加以讨论)，了解类似 Ant 和 Maven 之类的构建工具，你手头有一个大型的 BDA 应用。同时，我们还假设读者对需要解决的技术问题非常了解：包括选择编程语言、技术栈，了解应用涉及的数据源、数据格式以及数据接收装置。你已经熟悉并掌握 Python 以及 Scala 编程语言,当然我们将给出有关这些语言的简单介绍——下一章将介绍一些有关其特殊应用的思想。Hadoop 生态系统包含大量组件,本书涉及的内容并未完全涵盖,后面的表 1-3 将列出本书涉及的 Hadoop 生态系统的组件。

我们的假设不仅涉及读者的编程能力,我们还假设读者是战略思考者:读者能够理解在软件技术变化、进化、变异时,良好的策略与方法(计算机科学领域或者其他科学领域)使得读者能够适应新技术和新问题。作为一个战略思考者,你对数据格式非常感兴趣。

数据格式并不是大数据科学中最具魅力的地方,但数据格式是架构师和软件工程师最应当关注的问题之一,因为从某种意义上说,数据源及其格式是所有数据管道中最重要的部分:初始化软件组件或预处理器从数据源获取数据,并开展清洗、验证、证实、确保安全性等工作,之后这些数据将在管道的计算引擎阶段进行处理。Hadoop 是本书讨论的 BDA 的关键组件,本书将给予最大的关注。读者应当非常了解 Hadoop Core 和 Hadoop 生态系统的基本组件。

"典型生态系统"组件主要包括 Hive、Pig、HBase 等,以及诸如 Apache Camel、Spring 框架、Spring 数据子框架、Apache Kafka 消息系统等连接组件。如果读者对使用关系数据库类型的数据源比较有兴趣,了解 JDBC 以及 Spring 框架、JDBC 标准、Java 编程实践非常有助于此类问题的解决。JDBC 在组件设计中大有卷土重来的趋势,例如 Apache Phoenix,该组件是关系型与基于 Hadoop 技术的融合。Phoenix 针对 HBase 数据能够提供快速查询能力,在查询中采用标准 SQL 语法。Phoenix 可以作为一种嵌入式 JDBC 驱动的客户端,因此可以用简单的 Java 代码访问 HBase 集群。Apache Phoenix 同时还能提供对模式的定义、事务和元数据的支持。表 1-2 列出数据库类型及一些来自业界的示例。

表 1-2 数据库类型及一些来自业界的实例

数据库类型	示例	位置	描述
关系类型	mysql	mahout.apache.org	此类需要复杂的框架和系统支持的数据库类型,已出现很长时间了
文档类型	Apache Jackrabbit	jackrabbit.apache.org	基于 Java 的内容库
图类型	Neo4j	Neo4j.com	多用途图形数据库
基于文件	Lucene	Lucene.apache.org	通用统计
混合类型	Solr+Camel	Lucene.apache.org/Solr,Camel.apache.org	Lucene、Solr 作为整体集成在一起

注意

配置并有效使用 Hadoop 的最好参考书之一是 Apress 出版发行的由 Jason Venner 和 Sameer Wadkhar 合写的 *Pro Apache Hadoop*。

表 1-3 简单汇总了后续讨论中的一些工具集。

表 1-3 Hadoop 生态系统中用到的 BDA 组件示例

名称	供应商	位置	描述
Mahout	Apache	mahout.apache.org	应用于 Hadoop 的机器学习
MLlib	Apache	Spark.apache.org/mllib	应用于 Apache Spark 的机器学习
R		https://www.r-projects.org	通用统计分析
Weka	新西兰维卡托大学	http://www.cs.waikato.ac.nz/ml/weka/	(基于 Java)的统计分析与数据挖掘
H2O	H2O	H2O.ai	基于 JVM 的机器学习
scikit_learn		scikit-learn.org	Python 机器学习
Spark	Apache	spark.apache.org	开源集群计算框架
Kafka	Apache	kafka.apache.org	分布式消息系统

1.15 数据可视化与报表

数据可视化与报表是数据管道结构中最终需要完成的步骤，具有与前面各个阶段同样重要的地位。数据可视化允许系统终端用户对数据进行交互式查看和操纵。它可以是基于 Web 的，使用 RESTful 应用编程接口和浏览器，使用移动设备或独立于应用的设计，运行于高性能图形显示器上。表 1-4 给出了用于数据可视化的标准库。

表 1-4 用于数据可视化的标准库

名称	位置	描述
D3	D3.org	JavaScript 数据可视化
Ggplot2	http://ggplot2.org	Python 数据可视化
matplotlib	http://matplotlib.org	Python 基本绘图库
Three.js	http://threejs.org	JavaScript 三维图形与绘图库
Angular JS	https://angularjs.org	允许使用 JavaScript 建立模块化数据可视化组件的工具集。特别有用的是，AngularJS 与 Spring 框架和其他数据管道组件能够很好地集成

利用上述库或类似的库，建立仪表板或前端用户接口是非常方便的。大多数高级的 JavaScript 库都包含高效的 API，用于连接数据库、RESTful Web 服务或 Java/Scala/Python 应用。

采用 Hadoop 的 BDA 有些特殊。对 Hadoop 系统架构师来说，Hadoop BDA 提供标准的主流架构模式、错误模式及策略。例如，BDAS 可以使用标准 ETL(获取-转换-加载)概念进行开发，并使用"在同一片云端"开发分析系统的架构概念。标准系统建模技术仍然有用，包括采用"应用层"方法加以设计。

一种应用层设计的示例可以包含"服务层"(提供应用的"计算引擎"或"业务逻

辑")以及数据层(用于存储及调整输入输出数据,包含数据源和接收装置以及系统用户访问的输出层,将内容提供给输出设备)。当输出的内容提供给 Web 浏览器时,通常也被称为"Web 层"。

平台的问题

在本书中,我们给出了一些运行在 Mac OS X 环境的示例。这么做是出于设计的需要。我们采用 Mac 环境的主要原因在于:这种选择是在 Linux/Unix 语法(毕竟,它是 Hadoop 生存的环境)与具有一定规模的开发环境之间的一种协调和妥协办法,在此开发者可以试验其思想,不需要大型 Hadoop 集群,或者仅需要单个台式机来实现。当然,这并不意味着读者不能在 Cygwin 上的 Windows 或类似环境中运行 Hadoop。

图 1-8 给出了一个简化的数据管道,该数据管道处理在考虑使用 BDA 时采用的"Hello World"程序。对应的是数据分析人员都比较熟悉的简单的主流 ETL(获取-转换-加载)过程。管道中不同的连续阶段将先前的输出内容进行转换,直到数据到达最终的数据接收装置或结果库。

图 1-8 简化的数据管道

1.15.1 使用 Eclipse IDE 作为开发环境

Eclipse IDE(集成开发环境)已经存在了很长一段时间,在大多数采用 Java 或 Scala 的开发中心中,对于使用 Eclipse 作为现代应用开发环境始终存在争议。目前,有许多可以替代 Eclipse 作为集成开发环境的产品,读者可以选择任意一款产品,扩展本书所提供的示例系统。或者如果你愿意,只要你拥有最新版本的 Apache Maven,你甚至可以采用普通的文本编辑器,从命令行运行系统。附录 A 给出了如何在各种集成开发环境或平台上配置和运行示例系统的方法,当然也包括当前的 Eclipse 环境。顺便说一下,对于将模块化的、基于 Java 的组件(也包括采用其他语言,如 Scala 或 JavaScript 语言实现的组件)进行组织和管理以构建 BDAS 来说,Maven 是一种非常有效的工具,可以直接将此类组件集成到 Eclipse 集成开发环境中。对通过命令行建立、测试、运行 BDAS 的情况,Maven 同样非常有效。

我们发现在开发本书所提供的某些混合应用示例时,采用 Eclipse 集成开发环境是非常不错的选择,但这也许仅仅反映的是个人喜好。请读者自行将示例导入到所选的集成开发环境中。图 1-9 显示了一种 Eclipse IDE。

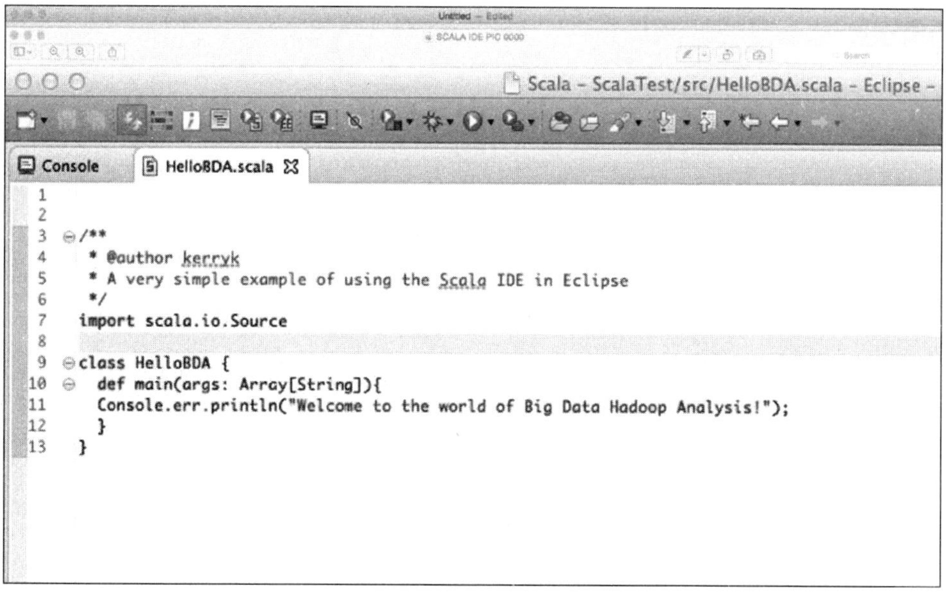

第 1 章 概述：用 Hadoop 构建数据分析系统

图 1-9 一种应用于开发的有用的集成开发环境：内置 Maven 和 Scala 的 Eclipse IDE

数据源与应用开发

大多数情况下，在主流的应用开发中，我们仅能遇到一些基础类型的数据源：关系类型、各种文件格式(包括原始的无结构文本)、以逗号分隔的值甚至图像(也许是流数据，甚至是从类似 Neo4j 图数据库中导出的奇怪数据)。在 BDA 世界中，可能存在信号、图像、非结构数据等多种类型，这些数据可能会包含从传感器获得的空间或 GPS 信息、时间戳，以及大量的其他数据类型、元数据和数据格式。通过本书的学习，特别是通过本书提供的示例，你将接触到大量常见或罕见的数据格式，并了解如何执行针对数据的标准 ETL 操作。必要时，我们将讨论数据验证、压缩以及从一种数据格式转换为另一种数据格式的方法。

1.15.2 本书未讲解的内容

既然我们已经给出了本书编写的目标，现在我们有必要阐述本书未包含什么。

本书的编写目标并不是用来介绍 Apache Hadoop、BDA 组件或 Apache Spark。目前已经有大量介绍 Hadoop、Hadoop 生态系统以及 Apache Spark 技术特点和机制的书籍，新近出现的 Apache Spark 技术可用于替换原先应用于 Hadoop 的 MapReduce 组件，支持批处理和内存处理。

本书将描述有用的 Hadoop 生态系统组件，特别是那些与本书后续部分建立的示例系统有关的组件。这些组件将作为我们构建的 BDAS 或 BDA 组件的基础，因此本书将不会深入讨论这些组件的功能。至于那些标准的 Hadoop 兼容组件，如 Apache Lucene、Solr、Apache Camel 或 Spring 框架，可以参阅相关的大量书籍或互联网教程。

本书也不会详细讨论相关的方法论问题(例如迭代或敏捷开发方法)，尽管这些方法论对建立 BDAS 非常重要。无论你选择何种开发方法，希望本书所讨论的系统都能给你带来益处。

如何建立 BDA 评估系统

本节将给出一个建立 BDA 评估系统的简略方案。在成功实现后，这一方案将帮助你获得本书后续部分讨论的示例和评估代码。单独组件具有完整的安装指导，可以在其各自的 Web 网站上获得。

(1) 如果你尚未开始工作，首先需要设置基本开发环境。包括 Java 8.0、Maven 和 Eclipse 集成开发环境。要获得最新的 Java 安装指导，可访问 oracle.com。不要忘记相应地设置适当的环境变量，例如 JAVA_HOME。下载并安装 Maven(Maven.apache.org)，设置 M2_HOME 环境变量。为确保正确安装 Maven，在命令行输入 mvn -version。同样，在命令行输入 which mvn 确保 Maven 如你所熟知的那样执行。

(2) 确认安装了 MySQL。从 www.mysql.com/downloads 网站下载合适的安装包。利用本书中的示例模式和数据测试相应的功能。确保可以运行"mysql"和"mysqld"。

(3) 安装 Hadoop Core 系统。本书的示例使用的是 Hadoop 版本 2.7.1。如果你使用的是 Mac，可以使用 HomeBrew 安装 Hadoop，或者从 Web 网站下载并按指导安装。在 bash_profile 文件中设置 HADOOP_HOME 环境变量。

(4) 确保正确地安装了 Apache Spark。对单机集群，按照 http://spark.apache.org/docs/latest/sparkstandalone.html#installing-spark-standalone-to-a-cluster 的指令进行实验。Spark 是评估系统的关键组件。确保在 bash_profile 文件中设置了 SPARK_HOME 环境变量。图 1-10 显示了生成的状态页。

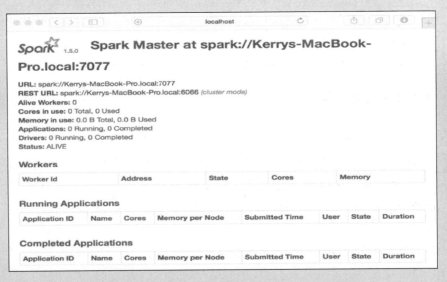

图 1-10　在 localhose:8080 成功安装并执行 Apache Spark 生成的状态页

为确保 Spark 系统正确执行，在 SPARK_HOME 目录下运行程序：

```
./bin/run-example SparkPi 10
```

你将看到类似图 1-11 所示的结果。

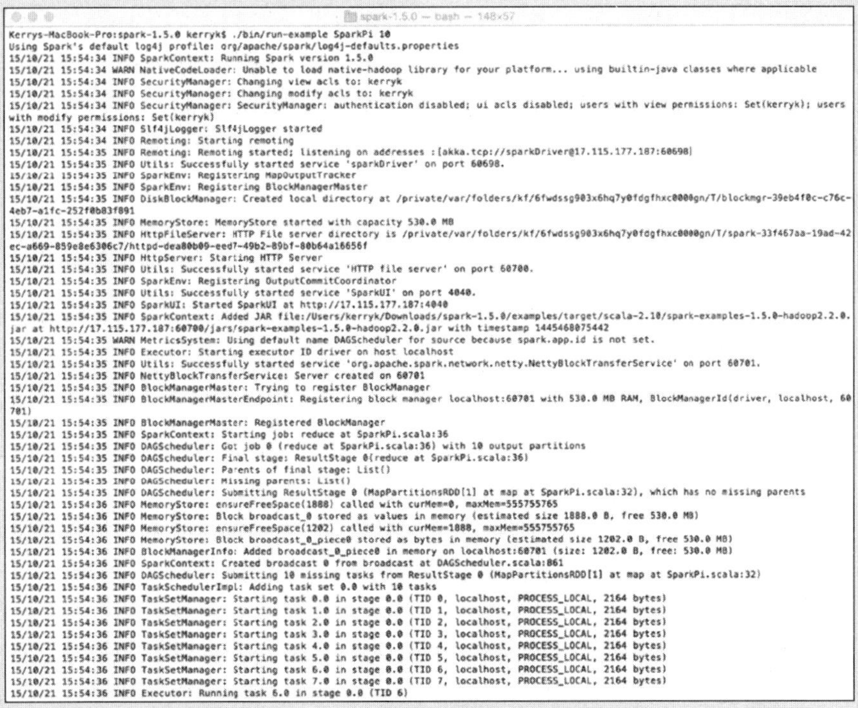

```
spark-1.5.0 — bash — 148×57
Kerrys-MacBook-Pro:spark-1.5.0 kerryk$ ./bin/run-example SparkPi 10
Using Spark's default log4j profile: org/apache/spark/log4j-defaults.properties
15/10/21 15:54:34 INFO SparkContext: Running Spark version 1.5.0
15/10/21 15:54:34 WARN NativeCodeLoader: Unable to load native-hadoop library for your platform... using builtin-java classes where applicable
15/10/21 15:54:34 INFO SecurityManager: Changing view acls to: kerryk
15/10/21 15:54:34 INFO SecurityManager: Changing modify acls to: kerryk
15/10/21 15:54:34 INFO SecurityManager: SecurityManager: authentication disabled; ui acls disabled; users with view permissions: Set(kerryk); users
with modify permissions: Set(kerryk)
15/10/21 15:54:34 INFO Slf4jLogger: Slf4jLogger started
15/10/21 15:54:34 INFO Remoting: Starting remoting
15/10/21 15:54:35 INFO Remoting: Remoting started; listening on addresses :[akka.tcp://sparkDriver@17.115.177.187:60698]
15/10/21 15:54:35 INFO Utils: Successfully started service 'sparkDriver' on port 60698.
15/10/21 15:54:35 INFO SparkEnv: Registering MapOutputTracker
15/10/21 15:54:35 INFO SparkEnv: Registering BlockManagerMaster
15/10/21 15:54:35 INFO DiskBlockManager: Created local directory at /private/var/folders/kf/6fwdssg903x6hq7y0fdgfhxc0000gn/T/blockmgr-39eb4f0c-c76c-
4eb7-a1fc-252f0b83f891
15/10/21 15:54:35 INFO MemoryStore: MemoryStore started with capacity 530.0 MB
15/10/21 15:54:35 INFO HttpFileServer: HTTP File server directory is /private/var/folders/kf/6fwdssg903x6hq7y0fdgfhxc0000gn/T/spark-33f467aa-19ad-42
ec-a669-859e8e6306c7/httpd-dea80b09-eed7-49b2-89bf-80b64a16656f
15/10/21 15:54:35 INFO HttpServer: Starting HTTP Server
15/10/21 15:54:35 INFO Utils: Successfully started service 'HTTP file server' on port 60700.
15/10/21 15:54:35 INFO SparkEnv: Registering OutputCommitCoordinator
15/10/21 15:54:35 INFO Utils: Successfully started service 'SparkUI' on port 4040.
15/10/21 15:54:35 INFO SparkUI: Started SparkUI at http://17.115.177.187:4040
15/10/21 15:54:35 INFO SparkContext: Added JAR file:/Users/kerryk/Downloads/spark-1.5.0/examples/target/scala-2.10/spark-examples-1.5.0-hadoop2.2.0.
jar at http://17.115.177.187:60700/jars/spark-examples-1.5.0-hadoop2.2.0.jar with timestamp 1445468075442
15/10/21 15:54:35 WARN MetricsSystem: Using default name DAGScheduler for source because spark.app.id is not set.
15/10/21 15:54:35 INFO Executor: Starting executor ID driver on host localhost
15/10/21 15:54:35 INFO Utils: Successfully started service 'org.apache.spark.network.netty.NettyBlockTransferService' on port 60701.
15/10/21 15:54:35 INFO NettyBlockTransferService: Server created on 60701
15/10/21 15:54:35 INFO BlockManagerMaster: Trying to register BlockManager
15/10/21 15:54:35 INFO BlockManagerMasterEndpoint: Registering block manager localhost:60701 with 530.0 MB RAM, BlockManagerId(driver, localhost, 60
701)
15/10/21 15:54:35 INFO BlockManagerMaster: Registered BlockManager
15/10/21 15:54:35 INFO SparkContext: Starting job: reduce at SparkPi.scala:36
15/10/21 15:54:35 INFO DAGScheduler: Got job 0 (reduce at SparkPi.scala:36) with 10 output partitions
15/10/21 15:54:35 INFO DAGScheduler: Final stage: ResultStage 0(reduce at SparkPi.scala:36)
15/10/21 15:54:35 INFO DAGScheduler: Parents of final stage: List()
15/10/21 15:54:35 INFO DAGScheduler: Missing parents: List()
15/10/21 15:54:35 INFO DAGScheduler: Submitting ResultStage 0 (MapPartitionsRDD[1] at map at SparkPi.scala:32), which has no missing parents
15/10/21 15:54:36 INFO MemoryStore: ensureFreeSpace(1888) called with curMem=0, maxMem=555755765
15/10/21 15:54:36 INFO MemoryStore: Block broadcast_0 stored as values in memory (estimated size 1888.0 B, free 530.0 MB)
15/10/21 15:54:36 INFO MemoryStore: ensureFreeSpace(1202) called with curMem=1888, maxMem=555755765
15/10/21 15:54:36 INFO MemoryStore: Block broadcast_0_piece0 stored as bytes in memory (estimated size 1202.0 B, free 530.0 MB)
15/10/21 15:54:36 INFO BlockManagerInfo: Added broadcast_0_piece0 in memory on localhost:60701 (size: 1202.0 B, free: 530.0 MB)
15/10/21 15:54:36 INFO SparkContext: Created broadcast 0 from broadcast at DAGScheduler.scala:861
15/10/21 15:54:36 INFO DAGScheduler: Submitting 10 missing tasks from ResultStage 0 (MapPartitionsRDD[1] at map at SparkPi.scala:32)
15/10/21 15:54:36 INFO TaskSchedulerImpl: Adding task set 0.0 with 10 tasks
15/10/21 15:54:36 INFO TaskSetManager: Starting task 0.0 in stage 0.0 (TID 0, localhost, PROCESS_LOCAL, 2164 bytes)
15/10/21 15:54:36 INFO TaskSetManager: Starting task 1.0 in stage 0.0 (TID 1, localhost, PROCESS_LOCAL, 2164 bytes)
15/10/21 15:54:36 INFO TaskSetManager: Starting task 2.0 in stage 0.0 (TID 2, localhost, PROCESS_LOCAL, 2164 bytes)
15/10/21 15:54:36 INFO TaskSetManager: Starting task 3.0 in stage 0.0 (TID 3, localhost, PROCESS_LOCAL, 2164 bytes)
15/10/21 15:54:36 INFO TaskSetManager: Starting task 4.0 in stage 0.0 (TID 4, localhost, PROCESS_LOCAL, 2164 bytes)
15/10/21 15:54:36 INFO TaskSetManager: Starting task 5.0 in stage 0.0 (TID 5, localhost, PROCESS_LOCAL, 2164 bytes)
15/10/21 15:54:36 INFO TaskSetManager: Starting task 6.0 in stage 0.0 (TID 6, localhost, PROCESS_LOCAL, 2164 bytes)
15/10/21 15:54:36 INFO TaskSetManager: Starting task 7.0 in stage 0.0 (TID 7, localhost, PROCESS_LOCAL, 2164 bytes)
15/10/21 15:54:36 INFO Executor: Running task 6.0 in stage 0.0 (TID 6)
```

图 1-11　期望得到的终端结果图

(5) 安装 Apache Mahout(mahout.apache.org)。它是一种非常有用的分布式分析工具包。为 MAHOUT_HOME 等设置适当的环境变量。运行 Mahout 测试程序确认其被正确安装。

(6) 安装 Apache Kafka(kafka.apache.org)消息系统。该系统在本书提供的示例中具有重要的作用。第 3 章将列出设置所需的完整步骤，并提供针对 Kafka 系统的综合性练习。

(7) 安装熟悉的 NoSQL 和图数据库。包括 Cassandra(cassandra.apache.org)和 MongoDB (https://www.mongodb.org/downloads#production)等。如果读者对本书提供的图形分析部分感兴趣，Neo4j(http://neo4j.com)是一种可以采用的流行的图数据库。本书的图形分析示例均基于 Neo4j。本书将选择 Cassandra 作为 NoSQL 数据库。

安装完上述组件后，恭喜你完成了基本组件安装工作。现在你已经拥有了一个基本的软件环境，为你开展 BDAS 工作奠定了基础。从该基本系统出发，我们将探讨独立的模块，并根据需要为 BDAS 提供的功能编写扩展代码。

1.16　本章小结

本章是介绍性章节，我们回顾了大数据不断变化的环境，以及用于获取、分析、存储、可视化的各种方法，了解了我们身处的不断增长的大数据环境。了解到大数据源类型多样、数量庞大，它们对雄心勃勃的大数据分析师提出了新的挑战性问题。当前，大数据分析师所面对的主要挑战之一是在不同的库及工具包、技术栈、可用的 BDA 方法中做出正确的选择。

我们也简单讨论了 Hadoop 框架，包括核心组件和与之相关的生态系统组件。尽管简单，但分析 Hadoop 及其生态系统能使作为大数据分析师的我们了解其基本功能，接着探讨了有效地设计和实现基于 Hadoop 的分析系统(或者说 BDAS)的架构和策略。这些系统具有可扩展性和灵活性，能够解决范围广泛的分析问题。

有关对大数据工具包的选择问题，数据分析师有大量可选的工具，需要具有能够从大量令人眼花缭乱的特征中选出适合技术的能力；能够提供有效的总体技术栈是成功开发和部署的关键。

通过学习本书你将了解到，上述设计和实现步骤可获得可行的数据管道架构，获得适用于广泛问题领域的系统。系统十分灵活，如果技术发生了变化，我们可以"换出"模块组件。我们可能发现一种机器学习或图形处理库更适于使用，于是用其替换当前应用库。模块化设计允许你自由地、方便地换出组件。后续章节介绍"图形大数据"时，将看到实际应用。

下一章将简要介绍和回顾两种最流行的大数据分析语言 Scala 和 Python，并列举一些使用这两种语言的例子。

第 2 章

Scala 及 Python 进阶

本章包含本书所采用的 Scala 和 Python 编程语言的快速学习概览。本章所提供的讨论材料主要是为了帮助 Java/C++程序员快速掌握 Scala 和 Python。

> **注意**
> 快速且方便安装 Python 的方法是安装 Anaconda Python 发布版本，该版本可从 www.continuum.io/downloads 上获取。Anaconda 提供了大量附加的有关数学与分析的 Python 库，包括对 Hadoop、Weka、R 等提供支持的库。

2.1 动机：选择正确的语言定义应用

为正确的任务选择合适的编程语言来定义应用。多数情况下，选择似乎是非常自然的：以 Hadoop 为中心的组件选择 Java 语言，以 Spark 为中心的组件选择 Scala 语言。采用 Java 作为 BDA 主要语言，将可以访问 Spring 框架、Apache Tika 以及 Apache Camel 来提供"组合件"组件。然而，策略上看(依赖于 BDA 应用的属性)，你可能需要其他语言和语言绑定。这种情况反过来会影响总的技术栈以及开发过程本身的属性。例如，移动应用可能需要与移动设备的低级代码交互，因此需要考虑 Erlang、C++或 C 等语言。

选择开发语言需要仔细考虑的其他问题包括用于显示的前端组件和 BDA 应用结果的报表等。如果前端应用是基于 Web 的，则前端仪表板和报表模块可以仅包含复杂程度不同的 JavaScript 库。如果是独立的科学应用，则情况就不同了。这种情况下，可使用通过 C、C++、Java、Python 语言开发的复杂可视化库。

精心探讨、控制和开发技术栈是非常重要的工作。为选择技术栈组件及语言绑定，首先需要对语言特性进行比较。

语言特性——比较分析

本节将简要比较 Java、Scala、Python 呈现给我们的(特别是在应用于开发 BDA 系统时)最重要的十个特征。所讨论的每个特征都是现代编程语言的基本特征，这些特征在应用于 BDA 系统时非常有用。这些有用的特征是：

- 标准逻辑、算法和控制结构。就基本语言结构而言，Java、Scala、Python 有许多共同之处。
- 面向对象。上述三种语言都是面向对象的系统，但语法和语义存在较大差异。
- 数据库连接。因为建立 BDA 的关键在于建立完整的数据处理管道，所以有效处理数据源并导出到数据接收装置是总体设计和技术栈选择时需要考虑的关键因素。
- 函数式程序设计编程支持。函数式编程始终是分布式应用开发的一个重要部分。
- 库支持，特别是针对机器学习和统计分析的相关函数库的支持。目前有大量用 Java、Scala、Python 语言开发的不同类型的库。BDA 设计者面临的最主要挑战之一是如何选择库和框架。你所选择的库的模块化和可扩展性是 BDA 设计的关键需求。面向特定任务的库(如应用于机器学习的 MLlib 库)是非常有用的库，但它只能采用 Spark 和 Scala。应将类似的依赖性问题牢记在心。
- 仪表板与前端连接。通常在建立复杂的仪表板和前端控制时，JavaScript 工具包和库(例如 AngularJS、D3 等)就够用了。但是，正如我们将在本书后续部分遇到的情况那样——也可能会存在一些例外情况，特别是在面对移动应用开发时。
- "组合件"连接与支持。该特性包括以 Java 为中心的连接以及与其他库和框架的连接(如 Vowpal Wabbit 机器学习库)，采用 C++编写。我们可以通过 Web 服务访问 VW，甚至若有必要，可以采用 Java 本机接口(JNI)支持库。
- 对读取-求值-打印循环(REPL)的支持。除 Java 外，所有现代语言都包含 REPL，Java 9 规范对此进行了补充。
- 本地、多核支持及显式内存管理。对于这一特性，不同的语言差别较大，我们将对此进行讨论。
- 与 Hadoop、Spark、NoSQL 数据库及其生态系统的连接。PySpark、Spring Data Hadoop、Apache Camel-neO4j 等工具用于在 BDA 过程中连接不同组件。

2.2 Scala 概览

本节简单讨论 Scala 语言，包含 5 个简短的代码片段，主要强调了在介绍部分所描述的多种语言特征。Scala 最有趣的地方在于其内置的语言特征，例如类型推理、闭包、组合等。Scala 也具有一个复杂的对象系统：每个值是一个对象，每种操作都对应着一个方法调用。现代语言往往都能支持标准数据结构、集合、数组和向量等，Scala 也不例外。由于 Scala 与 Java 非常相似，你在使用 Java 时习惯使用的所有数据结构在 Scala 中仍然可用。

注意

本书采用的 Scala 版本为 2.11.7。可以通过命令行输入 scala-version 来检查你安装的 Scala 版本号。也可以通过在命令行输入 scalac-version 来检查 Scala 编译器的版本号。

Scala 与交互式 shell

下面首先介绍快速排序算法的简单实现，然后通过 Scala 交互式 shell 测试例程。读者所看到的代码清单 2-1 是一个简单的、采用递归方法的交互式 Scala 程序。如果将代码放入交互式 Scala shell，你可以看到如图 2-1 的结果。Java 程序员可以立即发现 Java 与 Scala 的相似之处：Scala 也采用 JVM，并且工作方式与 Java 类似。甚至还包含 package 和 import 这样的关键字，在 Scala 中利用 packages 来组织代码模块的方式与 Java 中的 package 系统类似。

需要注意的是，与 Java 一样，Scala 提供了方便的面向对象的代码包系统。读者能够采用类似 Java 中的方法来定义可运行的 main 方法，如代码清单 2-1 所示。代码清单 2-2 是一个 Scala 函数编程示例，代码清单 2-3 演示 Apache Spark 在 Scala 中的简单使用，代码清单 2-4 则使用 Apache Kafka 实现词计数。

代码清单 2-1　可用于交互式 shell 的 Scala 程序简单示例

```scala
/** An example of a quicksort implementation, this one uses a functional style. */
object Sorter {
  def sortRoutine(lst: List[Int]): List[Int] = {
    if (lst.length< 2)
      lst
    else {
      val pivel = lst(lst.length / 2)
      sortRoutine(lst.filter(_ <pivel)) :::
          lst.filter(_ == pivel) :::
          sortRoutine(lst.filter(_ >pivel))
    }
  }
  def main(args: Array[String]) {
    valexamplelist = List(11,14,100,1,99,5,7)
    println(examplelist)
    println(sortRoutine(examplelist))
  }
}
```

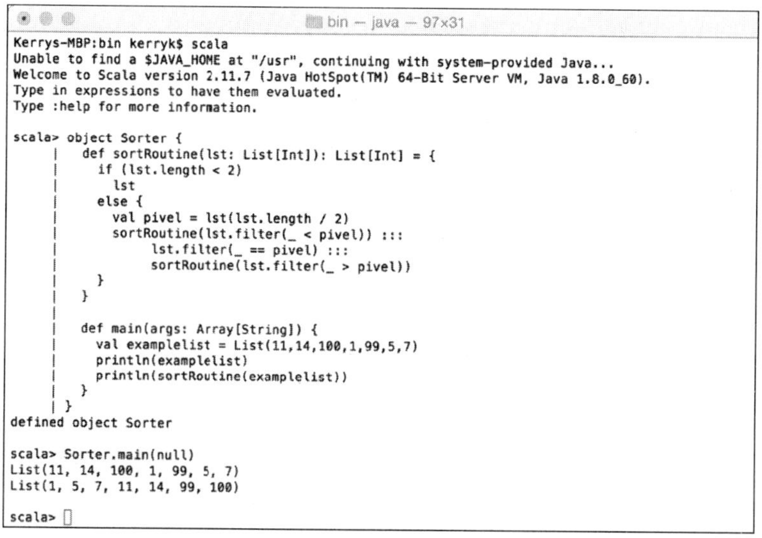

图 2-1　将代码放入交互式 Scala shell 的结果

第 I 部分 概念

代码清单 2-2　Scala 函数编程示例

```
/** Functional programming in Scala,includes the result from the Scala REPL as well.*/
scala>def closure1(): Int =>Int = {
     | val next = 1
     | defaddit(x: Int) = x + next
     | addit
     | }
closure1: ()Int =>Int

scala>def closure2() = {
     | val y = 2
     | val f = closure1()
     | println(f(100))
     | }
closure2: ()Unit
```

代码清单 2-3　Apache Spark 在 Scala 中的简单使用

```
/**BDASourcedatafile.dat file is present in your HDFS before running.*/
val bdaTextFile = sc.textFile("hdfs://BDASourcedatafile.dat")
val returnedErrors = bdaTextFile.filter(line =>line.contains("ERROR"))
// Count all the errors
returnedErrors.count()
// Count errors mentioning 'Pro Hadoop Analytics'
errors.filter(line =>line.contains("Pro Hadoop Analytics")).count()
// Fetch the Pro Hadoop Analytics errors as an array of strings...
returnedErrors.filter(line =>line.contains("Pro Hadoop Analytics")).collect()
```

代码清单 2-4　Scala 示例 4：使用 Apache Kafka 实现词计数

```
/** KafkaWordCount program in scala*/
package org.apache.spark.examples.streaming

import java.util.HashMap

import org.apache.kafka.clients.producer.{ProducerConfig, KafkaProducer, ProducerRecord}

import org.apache.spark.streaming._
import org.apache.spark.streaming.kafka._
import org.apache.spark.SparkConf

/**
 * Consumes messages from one or more topics in Kafka and does wordcount.
 * Usage: KafkaWordCount <zkQuorum> <group> <topics> <numThreads>
 *   <zkQuorum> is a list of one or more zookeeper servers that make quorum
 *   <group> is the name of kafka consumer group
 *   <topics> is a list of one or more kafka topics to consume from
 *   <numThreads> is the number of threads the kafka consumer should use
 *
 * Example:
 *    `$ bin/run-example \
 *      org.apache.spark.examples.streaming.KafkaWordCount zoo01,zoo02,zoo03 \
 *      my-consumer-group topic1,topic2 1`
 */
object KafkaWordCount {
```

```scala
    def main(args: Array[String]) {
      if(args.length< 4) {
        System.err.println("Usage: KafkaWordCount<zkQuorum><group>
          <topics><numThreads> " )
        System.exit(1)
      }
      StreamingExamples.setStreamingLogLevels()

      val Array(zkQuorum, group, topics, numThreads) = args
      valsparkConf = new SparkConf().setAppName("KafkaWordCount")
      valssc = new StreamingContext(sparkConf, Seconds(2))
      ssc.checkpoint("checkpoint")
      val topicMap = topics.split(",").map((_, numThreads.toInt)).toMap
      val lines = KafkaUtils.createStream(ssc, zkQuorum, group, topicMap).
        map(_._2)
      val words = lines.flatMap(_.split(" "))
      val wordCounts = words.map(x => (x, 1L))
        .reduceByKeyAndWindow(_ + _, _ - _, Minutes(10), Seconds(2), 2)
      wordCounts.print()

      ssc.start()
      ssc.awaitTermination()
    }
  }
  // Produces some random words between 1 and 100.
  object KafkaWordCountProducer {

    def main(args: Array[String]) {
      if (args.length< 4) {
        System.err.println("Usage: KafkaWordCountProducer <metadata
          BrokerList><topic> " +
          "<messagesPerSec><wordsPerMessage>")
        System.exit(1)
    }

    val Array(brokers, topic, messagesPerSec, wordsPerMessage) = args

    // Zookeeper connection properties
    val props = new HashMap[String, Object]()
    props.put(ProducerConfig.BOOTSTRAP_SERVERS_CONFIG, brokers)
    props.put(ProducerConfig.VALUE_SERIALIZER_CLASS_CONFIG,
      "org.apache.kafka.common.serialization.StringSerializer")
    props.put(ProducerConfig.KEY_SERIALIZER_CLASS_CONFIG,
      "org.apache.kafka.common.serialization.StringSerializer")

val producer = new KafkaProducer[String, String](props)

// Send some messages
while(true) {
  (1 to messagesPerSec.toInt).foreach { messageNum =>
    valstr = (1 to wordsPerMessage.toInt).map(x =>scala.util.Random.nextInt
      (10).toString)
      .mkString(" ")

    val message = new ProducerRecord[String, String](topic, null, str)
    producer.send(message)
  }

  Thread.sleep(1000)
   }
  }
}
```

第 I 部分 概念

懒惰评价可采用"按需调用"策略,几乎所有我们熟悉的语言都可以实现。代码清单 2-5 给出了一个懒惰评价的简单示例。

代码清单 2-5 Scala 的懒惰评价

```scala
/* Object-oriented lazy evaluation in Scala */
package probdalazy
object lazyLib {

  /** Delay the evaluation of an expression until it is required. */
  def  delay[A](value: =>A): Susp[A] = new SuspImpl[A](value)

  /** Get the value of a delayed expression. */
  implicit def force[A](s: Susp[A]): A = s()

  /**
   * Data type of suspended computations. (The name froms from ML.)
   */
  abstract class Susp[+A] extends Function0[A]

  /**
   * Implementation of suspended computations, separated from the
   * abstract class so that the type parameter can be invariant.
   */
  class SuspImpl[A](lazyValue: =>A) extends Susp[A] {
    private var maybeValue: Option[A] = None

    override def apply() = maybeValue match {
      case None =>
        val value = lazyValue
        maybeValue = Some(value)
        value
          case Some(value) =>
          value
    }
    override def toString() = maybeValue match {
      case None =>"Susp(?)"
      case Some(value) =>"Susp(" + value + ")"
    }
  }
}

object lazyEvaluation {
  import lazyLib._

  def main(args: Array[String]) = {
   val s: Susp[Int] = delay { println("evaluating..."); 3 }

    println("s      = " + s) // show that s is unevaluated
    println("s() = " + s())         // evaluate s
    println("s = " + s)             // show that the value is saved
    println("2 + s = " + (2 + s))   // implicit call to force()

    val sl = delay { Some(3) }
    val sl1: Susp[Some[Int]] = sl
    val sl2: Susp[Option[Int]] = sl1  // the type is covariant

    println("sl2 = " + sl2)
    println("sl2() = " + sl2())
    println("sl2 = " + sl2)
   }
}
```

2.3 Python 概览

本节提供了一个有关 Python 编程语言的简短概览。对构建 BDA 系统来说，Python 是一种特别有用的资源，因为 Python 本身具有良好的特性，并且能够与 Apache Spark 无缝兼容。与 Scala 和 Java 类似，Python 能够提供你所希望的几乎所有有用的数据类型。在构建 BDA 系统的组件时，Python 编程语言具有许多高级特性。尽管 Python 问世的时间不长，但已成为主流的开发语言，主要原因是 Python 非常容易学习。交互式 shell 结构允许快速试验，并能以浅显易懂的方式尝试实现新思想。目前存在的大多数数值计算和科学计算库都提供对 Python 的支持，网上有大量书籍和在线教程，可用于学习 Python 语言及其支持库。

注意

本书将采用 Python 版本 2.7.6 及交互式 Python(IPython) 版本 4.0。为检查你所安装的 Python 版本号，可在命令行输入 python -version 或 ipython -version。图 2-2 是一个 IPython 程序简单示例。

注意

为运行数据库连接示例，请记住本书我们主要使用来自 Oracle 的 MySQL 数据库。这意味着读者必须从 Oracle 的 Web 网站下载并安装 MySQL 与 Python 的连接器，其下载地址为 https://dev.mysql.com/downloads/connector/python/2.1.html。连接器安装非常简单。若在 Mach 环境，则只需要双击 dmg 文件并根据其说明进行安装。然后可以利用交互式 Python shell 程序对连接进行测试。

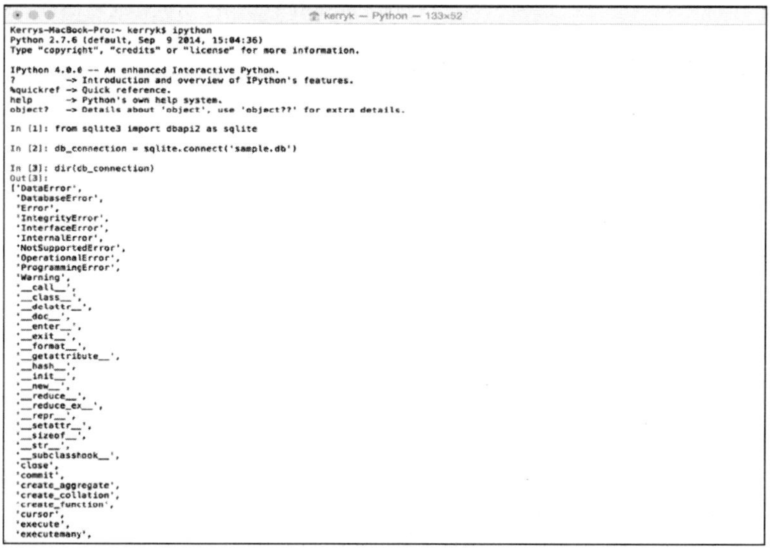

图 2-2　IPython 程序简单示例，演示数据库连接

采用 Python 编写的数据库连接示例程序如代码清单 2-6 所示。熟悉 Java JDBC 指令的读者将看到熟悉的代码。该示例程序执行数据库连接，然后关闭数据库。在两种操作期间，程序员可以访问选定的数据库，定义表，并执行关系查询。

代码清单 2-6　使用 Python 实现的数据库连接代码

```
Python 数据库连接示例：导入、连接、释放(关闭)
Import mysql.connector
cnx = mysql.connector.connect(user='admin', password='',
                              host='127.0.0.1',
                              database='test')
cnx.close()
```

采用 Python 能够方便地实现各种算法，并且有类型广泛的函数库为你提供帮助。可使用递归及其他标准程序结构。代码清单 2-7 展示的是一个递归程序的简单示例。

代码清单 2-7　拼合列表的 Python 递归代码

```
采用递归策略的简单 Python 代码
def FlattenList(a, result=None):
    result = []
    for x in a:
        if isinstance(x, list):
            FlattenList(x, result)
        else:
            result.append(x)
            return result
FlattenList([ [0, 1, [2, 3] ], [4, 5], 6])
```

与 Java 和 Scala 一样，在 Python 中可以简单地利用 import 语句来包含支持程序包。

代码清单 2-8 给出了一个包含该语句的简单示例。通过清晰地列举包含列表，可使得 Python 程序井井有条，且开发小组和其他使用 Python 代码的相关人员保持一致性。

代码清单 2-8　利用时间函数的 Python 代码示例

```
import time
size_of_vec = 1000
def pure_python_version():
    t1 = time.time()
    X = range(size_of_vec)
    Y = range(size_of_vec)
    Z = []
    for i in range(len(X)):
        Z.append(X[i] + Y[i])
    return time.time() - t1
def numpy_version():
    t1 = time.time()
    X = np.arange(size_of_vec)
    Y = np.arange(size_of_vec)
    Z = X + Y
    return time.time() - t1
```

```
t1 = pure_python_version()
t2 = numpy_version()
print(t1, t2)
print("Pro Data Analytics Numpy in this example, is: " + str(t1/t2) + " faster!")
```

返回到 IPython 的结果如下：

```
Pro Data Analytics Hadoop Numpy in this example, is: 7.75 faster!
```

NumPy 库为 Python 编程语言提供了扩展功能，如代码清单 2-9 所示。

代码清单 2-9　Python 代码示例：使用 NumPy 库

```
import numpy as np
from timeit import Timer
size_of_vec = 1000
defpure_python_version():
        X = range(size_of_vec)
        Y = range(size_of_vec)
        Z = []
        for i in range(len(X)):
            Z.append(X[i] + Y[i])
defnumpy_version():
        X = np.arange(size_of_vec)
        Y = np.arange(size_of_vec)
        Z = X + Y
#timer_obj = Timer("x = x + 1", "x = 0")
timer_obj1 = Timer("pure_python_version()", "from __main__ import pure_python_version")
timer_obj2 = Timer("numpy_version()", "from __main__ import numpy_version")
print(timer_obj1.timeit(10))
print(timer_obj2.timeit(10))
```

代码清单 2-10 给出的是一个自动启动文件的示例。

代码清单 2-10　Python 代码示例：Python 的自启动行为

```
import os
filename = os.environ.get('PYTHONSTARTUP')
if filename and os.path.isfile(filename):
    with open(filename) as fobj:
        startup_file = fobj.read()
    exec(startup_file)

import site
site.getusersitepackages()
```

2.4　错误诊断、调试、配置文件及文档

无论你使用何种语言，在运行程序时，都会涉及识别并及时解决严重问题的情况。诊

断也是一种错误发现，例如未预见的错误、逻辑错误或其他未预见的程序结果。比如许可问题，如果你没有某文件的执行许可，则无法运行程序。需要执行 chmod 命令修正该问题。因此，我们认为错误发现是一项脑力劳动。另一方面，诊断可以用明确的工具支持你发现代码错误、逻辑错误、非预期的结果等。

2.4.1 Python 的调试资源

在 Python 中，可通过包含以下指令来加载 pdb 调试器。

```
import pdb
import yourmodule
pdb.run ('yourmodule.test()')
```

或者直接输入以下命令，在 Python 中使用 pdb。

```
python -m pdb yourprogram.py
```

配置 Python 时，Robert Kern 是非常有用的行配置文件(https://pypi.python.org/pypi/line_profiler/1.0b3)，可命令行输入以下命令进行安装。

```
sudo pip install line_profiler
```

成功安装后，出现的界面如图 2-3 所示。

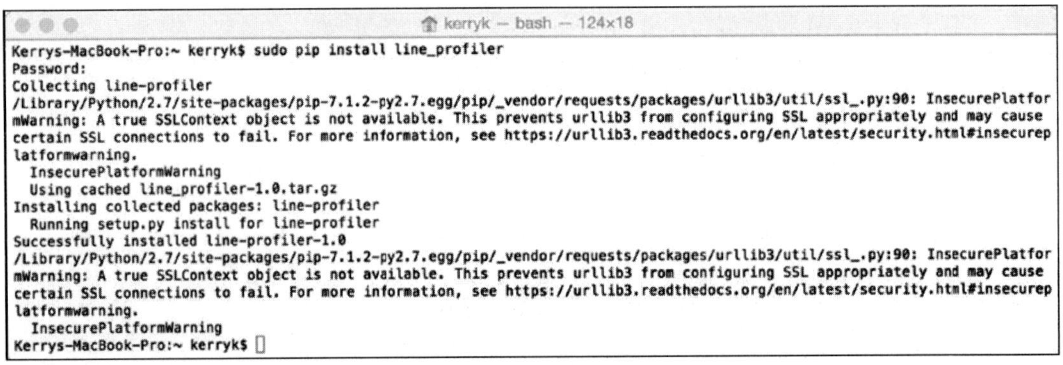

图 2-3 成功安装行配置文件包后出现的界面

在网页 http://www.huyng.com/posts/python-performance-analysis/ 上有关于配置 Python 程序的相关讨论。要安装内存配置文件，可通过输入以下命令行来实现：

```
sudo pip install -U memory_profiler.
```

为什么不编写一段简单的 Python 程序来生成列表、斐波那契序列或其他你选择的小例程，从而测试你的 Python 配置文件呢？在图 2-4 中，使用内存和行配置文件来配置 Python 代码。

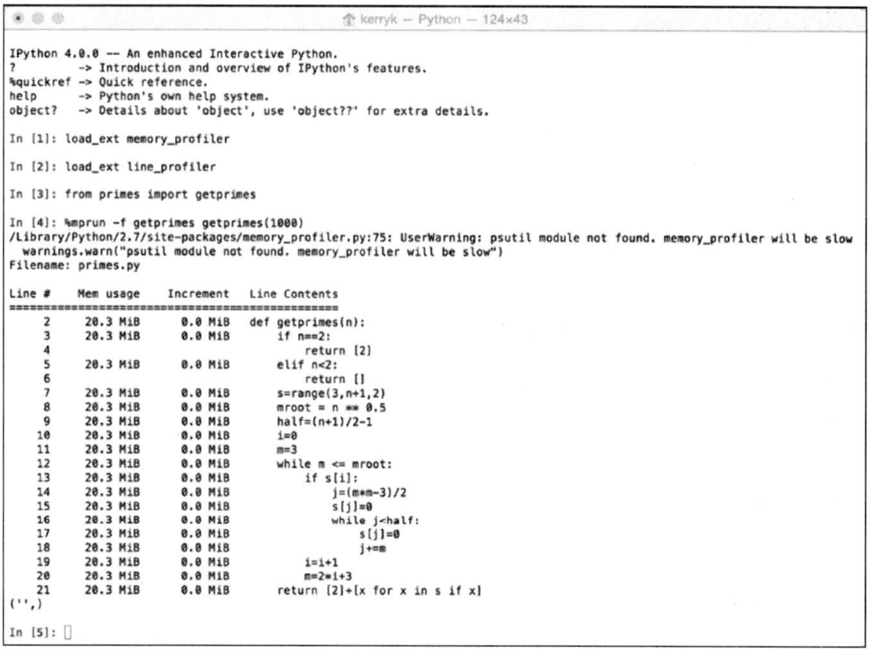

图 2-4　使用内存和行配置文件配置 Python 代码

2.4.2　Python 文档

在文档化 Python 代码时，仔细查看 Python 文档设计指南是非常有益的。该指南可从以下网站获得：

https://docs.python.org/devguide/documenting.html

2.4.3　Scala 的调试资源

本节将讨论有助于调试 Scala 程序的可用资源。调试程序最简单的方法之一是在 Eclipse IDE 中安装 Scala 插件，在 Eclipse 中建立并构建 Scala 项目，并在此调试和运行。有关实现细节，请参考：

http://scala-ide.org

2.5　编程应用与示例

建立 BDA 应用意味着建立数据管道处理器。虽然存在其他许多不同的理解和建立软件系统的方法，如敏捷方法、技术概念(例如面向对象)以及企业集成模式(EIP)等，但"管道"是从始至终一直存在的概念。

2.6 本章小结

本章给出了对 Scala 和 Python 编程语言的简单描述，并将它们与 Java 进行了比较。Hadoop 是一种基于 Java 的框架，而 Apache Spark 是用 Scala 编写的。常用的 BDA 组件通常与 Java、Scala、Python 语言绑定，我们在较高层次上讨论了其中的一些组件。每种语言都有自己的优点，我们能够接触到一些使用 Java、Scala、Python 的示例。

我们讨论了 BDA 系统的诊断、调试、配置和文档化(无论你在 BDA 中采用何种语言)，讨论了 Eclipse IDE 中可以与 Python 和 Scala 一起使用的插件。

第 3 章将讨论 BDA 开发中必要的组成成分：使用 Hadoop 和 Spark 构建 BDA 系统时需要的框架和库。

2.7 参考文献

1. Bowles, Michael. *Machine Learning in Python: Essential Techniques for Predictive Analysis*. Indianapolis, IN : John Wiley and Sons, Inc., 2015.

2. Hurwitz, Judith S., Kaufman, Marcia, Bowles, Adrian. *Cognitive Computing and Big Data Analytics*. Indianapolis, IN: John Wiley and Sons, Inc., 2015.

3. Odersky, Martin, Spoon, Lex, and Venners, Bill. *Programming in Scala, Second Edition*. Walnut Creek, CA: Artima Press, 2014.

4. Younker, Jeff. *Foundations of Agile Python Development*. New York, NY: Apress/Springer-Verlag New York, 2008.

5. Ziade, Tarek. *Expert Python Programming*. Birmingham, UK., PACKT Publishing, 2008.

第 3 章

Hadoop 及分析的标准工具集

本章将考察构成 BDA 系统的必要组成成分:构建 BDA 系统最有用的标准库和工具集。我们将在 Hadoop 和 Spark 生态系统中使用标准工具集描述一个示例系统(本书其他章节中都要用到的示例)。同时会使用其他分析工具集(如 R 和 Weka),采用主流的开发组件(例如 Ant、Maven、npm、pip、Bower 等)以及其他一些系统建立工具。"组合件"的例子有 Apache Camel、Spring Framework、Spring Data、Apache Kafka、Apache Tika 等,用于建立基于 Hadoop、适用于不同应用的系统。

> 注意
> 成功地安装 Hadoop 及其关联组件是评估本书示例的关键。将 Hadoop 安装到 Mac 系统的简易方式请参考 http://amodernstory.com/2014/09/23/installing-hadoop-on-mac-osx-yosemite/ 网站的详细描述,题目为"在 Mac 上安装 Hadoop,第 I 部分"。

3.1 库、组件及工具集:概览

无法用一个章节来描述现有的能够帮助你建立 BDA 系统的大数据分析组件。我们只能提供一个组件的分类,讨论一些典型示例,并在后续章节中扩展这些示例。

目前存在大量可用于支持构建 BDA 系统的库。为对可用技术有一个大致了解,参考图 3-1 所示的组件。需要说明的是,列出的组件并不能涵盖所有组件类型,但当你意识到每个组件类型都包括多种工具集、库、语言和框架可供选择时,定义 BDA 系统技术栈似乎是必须开展的工作。为减轻定义问题的压力,系统模块化和灵活性是需要考虑的关键问题。

早期构建模块化 BDA 系统的方法之一是使用 Apache Maven 来管理相关性并完成主要的组件管理工作。配置简单的 Maven pom.xml 文件并在 Eclipse 集成开发环境中建立一个项目是获取评价系统的好方法。我们开始配置一个简单的 Maven pom.xml,如代码清单 3-1 所示。请注意示例中唯一的依赖关系是 Hadoop Core 与 Apache Mahout,关于 Hadoop 的机器学习工具集我们已经在第 1 章中讨论过,在后续示例中还将继续讨论。我们将扩展 Mavenpom.xml,以便能够包括本书中讨论的所有辅助工具集。读者可以通过修改 pom.xml 文件来添加或删除依赖关系。

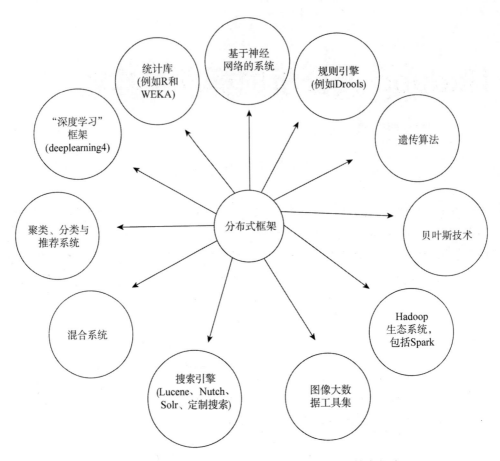

图 3-1 在构建大数据分析系统时可采用的分布式技术范畴

请记住，对于图中的每一项技术，都有多种替代方案。对技术栈中的每一种选择，通常存在便捷的 Maven 依赖可添加到评价系统中，以检验相关功能，从而实现组件的混合及匹配。正确的"组合件"组件可集成不同的库。

> **注意**
> 要有效地使用本书的示例，需要配置以下重要的环境变量：
> export BDA_HOME="/Users/kerryk/workspace/bdt"

代码清单 3-1 评价系统的基本 pom.xml 文件

```
<project xmlns="http://maven.apache.org/POM/4.0.0" xmlns:xsi="http://www.w3.org/2001/XMLSchema-instance"
    xsi:schemaLocation="http://maven.apache.org/POM/4.0.0 http://maven.apache.org/maven-v4_0_0.xsd">
    <modelVersion>4.0.0</modelVersion>
    <groupId>com.kildane</groupId>
    <artifactId>bdt</artifactId>
    <packaging>war</packaging>
    <version>0.0.1-SNAPSHOT</version>
    <name>Big Data Toolkit (BDT) Application</name>
```

```xml
<url>http://maven.apache.org</url>
<properties>
<hadoop.version>0.20.2</hadoop.version>
</properties>
<dependencies>
  <dependency>
    <groupId>junit</groupId>
    <artifactId>junit</artifactId>
    <version>3.8.1</version>
    <scope>test</scope>
  </dependency>
  <dependency>
      <groupId>org.apache.hadoop</groupId>
      <artifactId>hadoop-core</artifactId>
      <version>${hadoop.version}</version>
</dependency>
<dependency>
      <groupId>org.apache.mahout</groupId>
      <artifactId>mahout-core</artifactId>
      <version>0.9</version>
</dependency>
  </dependencies>
  <build>
    <finalName>BDT</finalName>
  </build>
</project>
```

建立模块化 BDA 系统的最简单方法是使用 Apache Maven 来管理依赖性，Maven 为你提供大部分简单组件的管理工作。设置简单的 Maven pom.xml 文件并在 Eclipse 集成开发环境中建立简单的项目是评估系统不断深入开展的便捷方法，锁定技术栈，定义系统功能——逐步根据需要修改依赖和插件。

我们将通过示例在评估系统中添加一个规则系统。可为 Drools 规则系统(Google 的"drools maven dependencies"提供 Drools 的最新版本)简单地添加一个合适的依赖关系。完整的 pom.xml(建立在原始代码基础上的)见代码清单 3-2。我们将在第 8 章的完整分析引擎示例中利用 JBoss Drools 的功能。注意，我们将提供依赖连接 Drools 与 Apache Camel 以及 Drools Spring 框架。

代码清单 3-2 在分析引擎中添加 JBoss Drools 依赖以提供对规则系统的支持

```xml
<project xmlns="http://maven.apache.org/POM/4.0.0" xmlns:xsi="http://www.w3.
  org/2001/XMLSchema-instance"
  xsi:schemaLocation="http://maven.apache.org/POM/4.0.0ttp://maven.apache.org/
maven-v4_0_0.xsd">
  <modelVersion>4.0.0</modelVersion>
  <groupId>com.kildane</groupId>
  <artifactId>bdt</artifactId>
  <packaging>war</packaging>
  <version>0.0.1-SNAPSHOT</version>
  <name>Big Data Toolkit (BDT) Application, with JBoss Drools Component</name>
  <url>http://maven.apache.org</url>
  <properties>
  <hadoop.version>0.20.2</hadoop.version>
  </properties>
```

```xml
<dependencies>
  <dependency>
     <groupId>junit</groupId>
     <artifactId>junit</artifactId>
     <version>3.8.1</version>
     <scope>test</scope>
  </dependency>

<!-- add these five dependencies to your BDA project to achieve rule-based
   support -->
<dependency>
        <groupId>org.drools</groupId>
        <artifactId>drools-core</artifactId>
        <version>6.3.0.Final</version>
</dependency>
<dependency>
        <groupId>org.drools</groupId>
        <artifactId>drools-persistence-jpa</artifactId>
        <version>6.3.0.Final</version>
</dependency>
<dependency>
        <groupId>org.drools</groupId>
        <artifactId>drools-spring</artifactId>
        <version>6.0.0.Beta2</version>
</dependency>
<dependency>
         <groupId>org.drools</groupId>
         <artifactId>drools-camel</artifactId>
         <version>6.0.0.Beta2</version>
</dependency>
<dependency>
         <groupId>org.drools</groupId>
         <artifactId>drools-jsr94</artifactId>
         <version>6.3.0.Final</version>
</dependency>
    <dependency>
        <groupId>org.apache.hadoop</groupId>
        <artifactId>hadoop-core</artifactId>
        <version>${hadoop.version}</version>
</dependency>
<dependency>
        <groupId>org.apache.mahout</groupId>
        <artifactId>mahout-core</artifactId>
        <version>0.9</version>
</dependency>
  </dependencies>
  <build>
    <finalName>BDT</finalName>
  </build>
</project>
```

3.2　在评估系统中使用深度学习方法

DL4j(http://deeplearning4j.org)是一种为 Java 和 Scala 提供的开源深度学习库。它被集成

第 3 章 Hadoop 及分析的标准工具集

到 Hadoop 和 Spark 中。

安装的方法如下：

```
git clone https://github.com/deeplearning4j/dl4j-0.4-examples.git
```

构建系统的方法如下：

```
cd $DL4J_HOME directory
```

然后：

```
mvn clean install -DskipTests -Dmaven.javadoc.skip=true
```

为验证 dl4j 运行的正确性，输入：

```
mvn exec:java -Dexec.mainClass="org.deeplearning4j.examples.tsne.TSNEStandardExample"
-Dexec.cleanupDaemonThreads=false
```

如果组件运行正常，你将看到类似代码清单 3-3 所示的输出。

代码清单 3-3　深度学习 dl4j 测试程序的输出

```
[INFO] --- exec-maven-plugin:1.4.0:java (default-cli) @
deeplearning4j-examples ---
o.d.e.t.TSNEStandardExample - Load &Vectorize data....
Nov 01, 2015 1:44:49 PM com.github.fommil.jni.JniLoader liberalLoad
INFO: successfully loaded
/var/folders/kf/6fwdssg903x6hq7y0fdgfhxc0000gn/T/jniloader54508704
4337083844netlib-native_system-osx-x86_64.jnilib
o.d.e.t.TSNEStandardExample - Build model....
o.d.e.t.TSNEStandardExample - Store TSNE Coordinates for Plotting....
o.d.plot.Tsne - Calculating probabilities of data similarities..
o.d.plot.Tsne - Mean value of sigma 0.00
o.d.plot.Tsne - Cost at iteration 0 was 98.8718490600586
o.d.plot.Tsne - Cost at iteration 1 was 98.8718490600586
o.d.plot.Tsne - Cost at iteration 2 was 98.8718490600586
o.d.plot.Tsne - Cost at iteration 3 was 98.8718490600586
o.d.plot.Tsne - Cost at iteration 4 was 98.8718490600586
o.d.plot.Tsne - Cost at iteration 5 was 98.8718490600586
o.d.plot.Tsne - Cost at iteration 6 was 98.8718490600586
o.d.plot.Tsne - Cost at iteration 7 was 98.8718490600586
o.d.plot.Tsne - Cost at iteration 8 was 98.87185668945312
o.d.plot.Tsne - Cost at iteration 9 was 98.87185668945312
o.d.plot.Tsne - Cost at iteration 10 was 98.87186431884766
...... ...... ...... ...... ......
o.d.plot.Tsne - Cost at iteration 98 was 98.99024963378906
o.d.plot.Tsne - Cost at iteration 99 was 98.99067687988281
[INFO] ------------------------------------------------------------
[INFO] BUILD SUCCESS
[INFO] ------------------------------------------------------------
[INFO] Total time: 23.075 s
[INFO] Finished at: 2015-11-01T13:45:06-08:00
[INFO] Final Memory: 21M/721M
[INFO] ------------------------------------------------------------
```

为在评估系统中使用 dl4j，需要将最新的变化添加到 BDA 分析 pom.xml。完整的文件如代码清单 3-4 所示。

代码清单 3-4 包含 dl4j 组件的完整代码清单

```xml
<project xmlns="http://maven.apache.org/POM/4.0.0" xmlns:xsi="http://www.w3.org/2001/XMLSchema-instance"
    xsi:schemaLocation="http://maven.apache.org/POM/4.0.0 http://maven.apache.org/maven-v4_0_0.xsd">
    <modelVersion>4.0.0</modelVersion>
    <groupId>com.kildane</groupId>
    <artifactId>bdt</artifactId>
    <packaging>war</packaging>
    <version>0.0.1-SNAPSHOT</version>
    <name>Big Data Toolkit (BDT) Application</name>
    <url>http://maven.apache.org</url>
    <properties>
    <!-- new properties for deep learning (dl4j) components -->
        <nd4j.version>0.4-rc3.5</nd4j.version>
        <dl4j.version> 0.4-rc3.4 </dl4j.version>
        <canova.version>0.0.0.11</canova.version>
        <jackson.version>2.5.1</jackson.version>

        <hadoop.version>0.20.2</hadoop.version>
        <mahout.version>0.9</mahout.version>
    </properties>
    <!-- distribution management for dl4j -->
    <distributionManagement>
        <snapshotRepository>
            <id>sonatype-nexus-snapshots</id>
            <name>Sonatype Nexus snapshot repository</name>
            <url>https://oss.sonatype.org/content/repositories/snapshots</url>
        </snapshotRepository>
        <repository>
            <id>nexus-releases</id>
            <name>Nexus Release Repository</name>
            <url>http://oss.sonatype.org/service/local/staging/deploy/maven2/</url>
        </repository>
    </distributionManagement>
    <dependencyManagement>
        <dependencies>
            <dependency>
                <groupId>org.nd4j</groupId>
                <artifactId>nd4j-jcublas-7.5</artifactId>
                <version>${nd4j.version}</version>
            </dependency>
        </dependencies>
    </dependencyManagement>
    <repositories>
        <repository>
            <id>pentaho-releases</id>
            <url>http://repository.pentaho.org/artifactory/repo/</url>
        </repository>
    </repositories>
    <dependencies>
```

```xml
<!-- dependencies for dl4j components -->
<dependency>
        <groupId>org.deeplearning4j</groupId>
        <artifactId>deeplearning4j-nlp</artifactId>
        <version>${dl4j.version}</version>
</dependency>
<dependency>
        <groupId>org.deeplearning4j</groupId>
        <artifactId>deeplearning4j-core</artifactId>
        <version>${dl4j.version}</version>
</dependency>
<dependency>
        <groupId>org.nd4j</groupId>
        <artifactId>nd4j-x86</artifactId>
        <version>${nd4j.version}</version>
</dependency>
<dependency>
        <groupId>org.jblas</groupId>
        <artifactId>jblas</artifactId>
        <version>1.2.4</version>
</dependency>
<dependency>
        <artifactId>canova-nd4j-image</artifactId>
        <groupId>org.nd4j</groupId>
        <version>${canova.version}</version>
</dependency>
<dependency>
        <groupId>com.fasterxml.jackson.dataformat</groupId>
        <artifactId>jackson-dataformat-yaml</artifactId>
        <version>${jackson.version}</version>
</dependency>
<dependency>
        <groupId>org.apache.solr</groupId>
        <artifactId>solandra</artifactId>
        <version>UNKNOWN</version>
</dependency>
<dependency>
        <groupId>junit</groupId>
        <artifactId>junit</artifactId>
        <version>3.8.1</version>
        <scope>test</scope>
</dependency>
<dependency>
        <groupId>org.apache.hadoop</groupId>
        <artifactId>hadoop-core</artifactId>
        <version>${hadoop.version}</version>
</dependency>
<dependency>
        <groupId>pentaho</groupId>
        <artifactId>mondrian</artifactId>
        <version>3.6.0</version>
</dependency>
<!-- add these five dependencies to your BDA project to achieve rule-based
        support -->
<dependency>
        <groupId>org.drools</groupId>
        <artifactId>drools-core</artifactId>
```

```xml
            <version>6.3.0.Final</version>
        </dependency>
        <dependency>
            <groupId>org.drools</groupId>
            <artifactId>drools-persistence-jpa</artifactId>
            <version>6.3.0.Final</version>
        </dependency>
        <dependency>
            <groupId>org.drools</groupId>
            <artifactId>drools-spring</artifactId>
            <version>6.0.0.Beta2</version>
        </dependency>
        <dependency>
            <groupId>org.apache.spark</groupId>
            <artifactId>spark-streaming_2.10</artifactId>
            <version>1.5.1</version>
        </dependency>
        <dependency>
            <groupId>org.drools</groupId>
            <artifactId>drools-camel</artifactId>
            <version>6.0.0.Beta2</version>
        </dependency>
        <dependency>
            <groupId>org.drools</groupId>
            <artifactId>drools-jsr94</artifactId>
            <version>6.3.0.Final</version>
        </dependency>
        <dependency>
            <groupId>com.github.johnlangford</groupId>
            <artifactId>vw-jni</artifactId>
            <version>8.0.0</version>
        </dependency>
        <dependency>
            <groupId>org.apache.mahout</groupId>
            <artifactId>mahout-core</artifactId>
            <version>${mahout.version}</version>
        </dependency>
        <dependency>
            <groupId>org.apache.mahout</groupId>
            <artifactId>mahout-math</artifactId>
            <version>0.11.0</version>
        </dependency>
        <dependency>
            <groupId>org.apache.mahout</groupId>
            <artifactId>mahout-hdfs</artifactId>
            <version>0.11.0</version>
        </dependency>
    </dependencies>
    <build>
        <finalName>BDT</finalName>
        <plugins>
            <plugin>
                <groupId>org.codehaus.mojo</groupId>
                <artifactId>exec-maven-plugin</artifactId>
                <version>1.4.0</version>
                <executions>
                    <execution>
                        <goals>
```

```xml
                    <goal>exec</goal>
                </goals>
            </execution>
        </executions>
        <configuration>
            <executable>java</executable>
        </configuration>
</plugin>
<plugin>
        <groupId>org.apache.maven.plugins</groupId>
        <artifactId>maven-shade-plugin</artifactId>
        <version>1.6</version>
        <configuration>
            <createDependencyReducedPom>true</createDependencyReducedPom>
            <filters>
                <filter>
                    <artifact>*:*</artifact>
                    <excludes>
                        <exclude>org/datanucleus/**</exclude>
                        <exclude>META-INF/*.SF</exclude>
                        <exclude>META-INF/*.DSA</exclude>
                        <exclude>META-INF/*.RSA</exclude>
                    </excludes>
                </filter>
            </filters>
        </configuration>
        <executions>
            <execution>
                <phase>package</phase>
                <goals>
                    <goal>shade</goal>
                </goals>
                <configuration>
                    <transformers>
                        <transformerImplemeNtation="org.apache.maven.plugins.shade.resource.AppendingTransformer">
                            <resource>reference.conf</resource>
                        </transformer>
                        <transformerImplementation="org.apache.maven.plugins.shade.resource.ServicesResourceTransformer" />
                        <transformerImplementation="org.apache.maven.plugins.shade.resource.ManifestResourceTransformer">
                        </transformer>
                    </transformers>
                </configuration>
            </execution>
```

```
                </executions>
            </plugin>
            <plugin>
                <groupId>org.apache.maven.plugins</groupId>
                <artifactId>maven-compiler-plugin</artifactId>
                <configuration>
                    <source>1.7</source>
                    <target>1.7</target>
                </configuration>
            </plugin>
        </plugins>
    </build>
</project>
```

在扩充大数据分析评估项目并使用 pom.xml 后，执行 Maven clean、install 以及 package 任务，确保项目被正确地编译。

3.3 使用 Spring 框架及 Spring Data

Spring 框架(https://spring.io)以及与之相关的框架 Spring Data(projects.spring.io/spring-data)是重要的组合件。Spring 框架也提供了多种功能来源，包括安全性、ORM(对象关系映射)连接、基于模型-视图-控制器(MVC)的应用开发等。Spring 框架采用了面向方面的编程方法解决横向关注问题，全面支持在 Java 代码中存在的各种被称为 stereotypes 的注解，最小化手工编写代码模板的需要。

本书将利用 Spring 框架所提供的复杂多样的功能资源，并研究 Spring Data Hadoop 组件(Projects.spring.io/spring-hadoop/)，该组件是一种 Hadoop 与 Spring 的无缝集成组件。特别地，我们将在第 9 章开发的完整分析系统中使用几种 Spring 框架组件。

3.4 数字与统计库：R、Weka 及其他

本节将讨论 R 以及 Weka 统计库。R(r-project.org)是一种可解释的高级语言，专门用于开展统计分析。Weka(http://www.cs.waikato.ac.nz/ml/weka)是一种强大的统计库，为数据挖掘和其他分析任务提供机器学习算法。目前正在开发的是分布式 R 和分布式 Weka 工具集。由 MarkHall 开发的分布式 Weka 库及其相关信息可从以下网址获得：

- http://weka.sourceforge.net/packageMetaData/distributedWekaBase/index.html
- http://weka.sourceforge.net/packageMetaData/distributedWekaHadoop/index.html

3.5 分布式系统的 OLAP 技术

OLAP(联机分析处理)是另一种非常有价值的分析技术——出现于 20 世纪 70 年代——那个年代尚属于"大数据时代"的复兴时期。已经开发了强有力的库和框架，用于支持对大数据的 OLAP 操作。在这些库和框架中，最有影响的包括 Pentaho's Mondrian(http://community.

pentaho.com/projects/mondrian/)以及 Apache 的一种新的孵化项目 Apache Kylin(http://kylin.incubator.apache.org)。Pentaho Mondrian 提供一种开源的分析引擎，并提供了查询语言 MDX。为将 Pentaho Mondrian 添加到评估系统中，将以下库和依赖添加到 pom.xml 文件中：

```
<repository>
    <id>pentaho-releases</id>
    <url>http://repository.pentaho.org/artifactory/repo/</url>
</repository>

<dependency>
    <groupId>pentaho</groupId>
    <artifactId>mondrian</artifactId>
    <version>3.6.0</version>
</dependency>
```

Apache Kylin 提供了一种基于 Hadoop 功能的 ANSI SQL 接口和多维分析。它能够支持诸如 Tableau(get.tableau.com)的商业智能工具。

在第 9 章中，我们将开发一个完整的分析引擎示例，使用 Apache Kylin 来提供 OLAP 功能。

3.6 用于分析的 Hadoop 工具集：Apache Mahout 及相关工具

Apache Mahout(mahout.apache.org)是专门为 Apache Hadoop 设计的一种机器学习库，Mahout 的最新版本也支持 Apache Spark。与大多数现代软件框架类似，Mahout 能与 Samsara 一起使用，Samsara 是一种可附加在 Mahout 上的组件，为 Mahout 提供高级数学库功能。Apache Mahout 也可与类似 MLlib 的库兼容。有关高级功能的其他信息可在有关 Apache Mahout 及其他基于 Hadoop 的机器学习包的教程和书籍中获得。

Mahout 包含大量用于实现分布式处理的标准算法。这些算法包括分类算法，例如随机森林分类算法、多层神经元网络分类器朴素贝叶斯分类器以及其他为数众多的分类器算法。这些算法可以单独或分阶段地用于数据管道中，或者通过正确的配置实现并行处理。

Vowpal Wabbit(https://github.com/JohnLangford/vowpal_wabbit)是一种由 Yahoo!公司发起的开源项目，并由微软公司继承。VW 提供的一些特性包括稀疏降维、快速特征查找、多项式学习、集群并行学习等，这些都是大数据分析系统中常用且较为有效的技术。有关 VW 的一种有趣扩展是 RESTful Web 接口。

关于 Vowpal Wabbit 较好的讨论，以及如何正确地设置并运行 VW，请参考 http://zinkov.com/posts/2013-08-13-vowpal-tutorial/。

要安装 VW 系统，首先需要安装 boost 系统。

若采用 Mac OS，请输入以下三条命令(如有必要，完成后再次针对 usr/local/lib 使用 chmod 命令)：

```
sudo chmod 777 /usr/local/lib
brew install boost
brew link boost

git clone git://github.com/JohnLangford/vowpal_wabbit.git
```

```
cd $VW_HOME
make
make test
```

你可能会希望研究 VW 的有趣 Web 接口,可通过 https://github.com/eHarmony/vw-webservice 获得。安装以下包:

```
git clone https://github.com/eHarmony/vw-webservice.git
cd $VW_WEBSERVICE_HOME
mvn clean install package
```

3.7 Apache Mahout 的可视化

Apache Mahout 具有内置的用于聚类的可视化功能,该功能基于 java.awt 图形图像工具包。图 3-2 给出了一种可视化聚类的示例。在有关可视化技术的章节中,我们还将讨论这些基本系统的扩展和替代系统,目的是提供更高级的可视化特征,扩展可视化控制和显示,包括"图像大数据"显示以及一些以 Mahout 为中心的仪表板等。

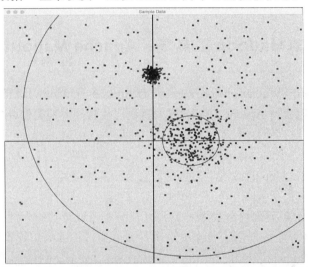

图 3-2　使用 Apache Mahout 建立的简单的数据点可视化展示

3.8 Apache Spark 库与组件

Apache Spark 库及组件是本书所介绍的开发大数据分析系统必不可少的工具。为给开发人员提供帮助,Spark 附带 Python 及 Scala 交互式 shell。随着本书介绍的不断深入,我们将详细考察 Apache Spark,Apache Spark 是 Hadoop MapReduce 技术中最有用的选择。本节简要介绍 Spark 技术及其生态系统。

3.8.1　可供选择的不同类型的 shell

存在许多可供选择的 Python 和 Scala shell,对于 Java 9,我们可以期待基于 Java 的读取-求值-打印循环(REPL)。

为运行 Spark Python shell，输入：

/bin/pyspark --master spark://server.com:7077 --driver-memory 4g --executor-memory 4g

为运行 Spark Scala shell，输入：

./spark-1.2.0/bin/spark-shell --master spark://server.com:7077 --driver-memory 4g --executor-memory 4g

一旦成功安装 sparkling-water 包，就可以使用如图 3-4 所示的 Sparkling shell 作为 Scala shell。为方便使用，Apache Spark 中已经存在一些便捷的钩子程序。

3.8.2 Apache Spark 数据流

Spark 数据流是一种具有容错功能的、可扩展的、高吞吐率的流处理器。

> **注意**
> Apache 数据流目前仍然在开发中。有关 Spark 数据流的信息仍然会不断发生变化。请参考 http://spark.apache.org/docs/latest/streaming-programming-guide.html 以便获得有关 Apache 数据流的最新信息。本书主要参考 Spark 1.5.1 版本的相关信息。

为在 Java 项目中添加对 Spark 数据流的支持，在 pom.xml 文件中添加以下依赖(请从 Spark Web 网站上获取最新的版本参数以便正确使用)。

```
<dependency>
    <groupId>org.apache.spark</groupId>
    <artifactId>spark-streaming_2.10</artifactId>
    <version>1.5.1</version>
</dependency>
```

Spark 数据流系统的简化图如图 3-3 所示。输入数据流通过 Spark 引擎处理并作为批处理数据发出。

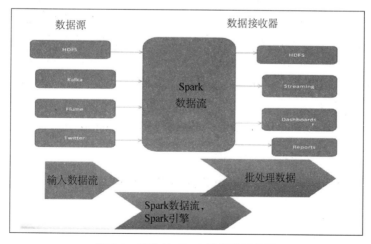

图 3-3　简化的 Spark 数据流系统图

Spark 数据流也能与 Amazon Kinesis(https://aws.amazon.com/kinesis/)兼容，Kinesis 是一种 AWS 数据流平台。

3.8.3　Sparkling Water 与 H2O 机器学习

Sparkling Water(h2O.ai)是集成到 Apache Spark 中的 H2O 机器学习工具集。利用 Sparkling Water，可使用 Spark 数据结构作为 H2O 算法的输入。可以使用一个 Python 接口直接从 Python shell 使用 Sparkling Water，如图 3-4 所示。

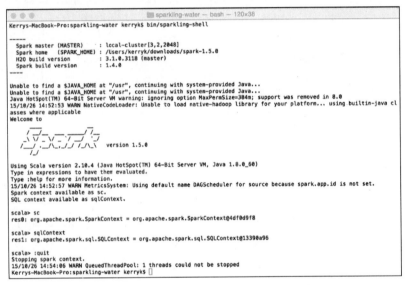

图 3-4　运行 Sparkling Water shell 测试安装情况

3.9　组件使用与系统建立示例

本节将使用 Solandra(Solr+Cassandra)系统作为建立大数据分析的简单示例，其中包含所有执行大数据分析所需的成分。在第 1 章中我们对开放源 Solr 进行了简单介绍，Solr 是一种能与 Hadoop 和 Cassandra NoSQL 数据库兼容的 RESTful 搜索引擎组件。大多数设置工作可以借鉴代码清单 3-4 中的 Maven 使用方式完成。你将会注意到此处所列的 pom 文件与你最初给出的原始工程项目中的 pom 文件基本相同，只是添加了关于 Solr、Solandra 和 Cassandra 组件的依赖关系。

(1) 从 Git 源(https://github.com/tjake/Solandra)下载 Solandra：

```
git clone https://github.com/tjake/Solandra.git
```

(2) 进入 Solandra 目录，使用 Maven 创建 JAR 文件：

```
cd Solandra
mvn -DskipTests clean install package
```

(3) 将 JAR 文件添加到本地 Maven 库中，因为尚未有标准 Maven 与 Solandra 之间的依赖关系：

```
mvn install:install-file -Dfile=solandra.jar -DgroupId=solandra
-DartifactId=solandra -Dpackaging=jar -Dversion=UNKNOWN
```

(4) 修改 BDA 系统的 pom.xml 文件，添加 Solandra 依赖：

```
<dependency>
        <groupId>org.apache.solr</groupId>
        <artifactId>solandra</artifactId>
        <version>UNKNOWN</version>
</dependency>
```

(5) 测试新的 BDA 文件 pom.xml：

```
cd $BDA_HOME
mvn clean install package
```

建立 Apache Kafka 消息系统

本节将详细讨论如何设置并使用大数据分析框架中最重要的组件之一：Apache Kafka 消息系统。

(1) 从 http://kafka.apache.org/downloads.html 下载 Apache Kafka TAR 文件。

(2) 设置 KAFKA_HOME 环境变量。

(3) 解压文件并放入 KAFKA_HOME(在本例中，KAFKA_HOME 设置为/Users/kerryk/Downloads/kafka_2.9.1-0.8.2.2)。

(4) 接着，通过输入以下指令启动 Zookeeper 服务器。

```
bin/zookeeper-server-start.sh config/server.properties
```

(5) 等待 Zookeeper 服务启动并运行，输入：

```
bin/kafka-server-start.sh config/server.properties
```

(6) 测试主题建立情况，输入：

```
bin/kafka-topics.sh -create -zookeeper localhost:2181 -replication-factor 1 -partitions 1 -topic ProHadoopBDA0
```

(7) 为提供所有可用主题列表，输入：

```
bin/kafka-topics.sh -list -zookeeper localhost:2181
```

在此阶段，结果为 **ProHadoopBDA0**，即第 5 步中定义的主题名称。

(8) 从控制台发送一些消息，测试消息发送功能是否完好。输入：

```
bin/kafka-console-producer.sh -broker-list localhost:9092 -topic ProHadoopBDA0
```

之后，可将消息输入控制台。

(9) 通过修改相应的配置文件来配置多代理集群。具体实现可参照 Apache Kafka 文档中的分步指南。

3.10 封包、测试和文档化示例系统

本节将讨论大数据分析单元测试和集成测试,介绍 Apache Bigtop(bigtop.apache.com) 以及 Apache MRUnit(mrunit.apache.com)。

为进行测试工作,本书将使用测试数据集(http://archive.ics.uci.edu/ml/machine-learning-databases/),以及来自博洛尼亚大学的数据集(http://www.dm.unibo.it/~simoncin/ DATA.html)。针对 Python 测试,我们将使用 PyUnit(一种基于 Python 版本的 Java 单元测试 JUnit 框架)以及 pytest(pytest.org,一种可选择的 Python 测试框架)。图 3-5 显示 SparKing Water 系统架构图,Python 测试组件的简单示例如代码清单 3-5 所示。

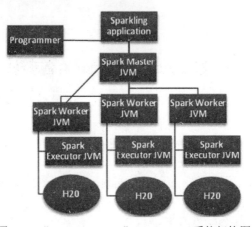

图 3-5 "Sparking Water" Spark+H2O 系统架构图

代码清单 3-5　Python 单元测试示例,来自 https://docs.python.org/2/library/unittest.html

```
import unittest
class TestStringMethods(unittest.TestCase):

    def test_upper(self):
        self.assertEqual('foo'.upper(), 'FOO')

    def test_isupper(self):
        self.assertTrue('FOO'.isupper())
        self.assertFalse('Foo'.isupper())

    def test_split(self):
        s = 'hello world'
        self.assertEqual(s.split(), ['hello', 'world'])
        # check that s.split fails when the separator is not a string
        with self.assertRaises(TypeError):
            s.split(2)
if __name__ == '__main__':
    unittest.main()
```

3.11 本章小结

本章通过可扩展示例系统第 1 个场景的使用，来讨论基于 Hadoop 和基于 Spark 的标准库。通过学习讨论，我们知道在应用范围广阔的分布式分析领域存在大量的库、框架和工具集，这些组件可以通过在良好开发环境中的合理运用达到需要的效果。我们选用 Eclipse 集成开发环境，利用 Scala 和 Python 插件，运用 Maven、npm、easy install 和 pip 构建工具来简化工作，并帮助组织开发过程。单独使用 Maven 系统，我们能够将大量工具集成到一个简单的但包含强大功能的图像处理模块中，该模块包含许多大数据分析数据管道运用的基础特性。

本章不断重复模块设计的主题，讲述如何利用第 1 章中给出的 10 步标准过程来定义并建立不同类型的数据管道系统。通过学习，我们也了解到能提供帮助的不同类别的可用库，包括数学、统计、机器学习、图像处理等。详细讨论了如何安装并使用 Apache Kafka 消息系统，Apache Kafka 系统是本书后续示例系统中用到的最重要组件之一。

Hadoop 大数据包中包含大量可用的绑定语言，但我们仅讨论了涉及 Java、Scala 和 Python 语言的情况。如果有应用需求，读者可以使用其他语言绑定。

我们没有忽略对示例系统的测试和文档化工作。尽管这些组件常被视为是"不可避免的"、"附属的"、"装饰性的"、"不必要的"，但单元和集成测试仍然是所有成功的分布式系统的关键组件。我们讨论了 MRUnit 和 Apache Bigtop 等在评估大数据分析系统时常用的切实可行的测试工具。有效地测试和文档化能够获得有效的配置和优化效果，可在很多方面改进整个系统。

我们不仅学习了使用 Apache Mahout 构建 Hadoop 为中心的大数据分析系统，还学习了如何使用 Apache Spark 作为基础构建模块，如何使用 PySpark、MLlib、H2O 以及 Sparkling Water 库。机器学习和 BDA 构建技术目前趋于成熟，是利用强大的机器学习、认知计算和自然语言处理库来构建和扩展 BDA 系统的有益方式。

3.12 参考文献

1. Giacomelli, Piero. *Apache Mahout Cookbook*. Birmingham, UK., PACKT Publishing, 2013.

2. Gupta, Ashish. *Learning Apache Mahout Classification.* Birmingham, UK., PACKT Publishing, 2015.

3. Grainger, Trey, and Potter, Timothy. *Solr in Action.* Shelter Island, NY: Manning Publications, 2014.

4. Guller, Mohammed. *Big Data Analytics with Spark: A Practitioner's Guide to Using Spark for Large Scale Data Analysis.* Apress/Springer Science+Business Media New York, 2015.

5. McCandless, Michael, Hatcher, Erik, and Gospodnetic, Otis. *Lucene in Action, Second Edition*. Shelter Island, NY: Manning Publications, 2010.

6. Owen, Sean, Anil, Robert, Dunning, Ted, and Friedman, Ellen. *Mahout in Action*. Shelter Island, NY: Manning Publications, 2011.

7. Turnbull, Doug, and Berryman, John. *Relevant Search: With Applications for Solr and Elasticsearch*. Shelter Island, NY: Manning Publications, 2016.

第 4 章

关系、NoSQL 及图数据库

本章将描述在分布式大数据分析中各类数据库的作用。数据库类型包括关系数据库、文档数据库、图数据库以及其他可能在分析管道中被作为数据源或数据接收装置的数据库。大多数数据库类型都能与 Hadoop 生态环境组件以及 Apache Spark 进行了良好的集成。不同类别的数据库与 Hadoop/Apache Spark 分布式处理的连接都可以通过类似 Spring Data 或 Apache Camel 的"组合件"实现。我们将描述关系数据库(例如 MySQL)、NoSQL 数据库(例如 Cassandra)以及图数据库(例如 Neo4j),并将讨论如何实现它们与 Hadoop 生态环境的集成。

可利用的数据库类型繁多如图 4-1 所示。包括平面文件(CSV 文件也可以认为是一种数据库)、关系数据库(如 MySQL 和 Oracle)、键值数据仓库(如 Redis)、列数据库(如 Hbase,是 Hadoop 生态环境的组成部分),同时也包含一些其他数据库类型,如图数据库(包括 Neo4j、GraphX、Griaph)。

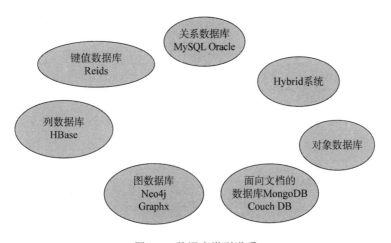

图 4-1 数据库类型谱系

我们可以"抽象出"不同数据库类型的概念作为通用数据源,进而提出一种用于连接、处理以及输出这些数据源内容的公共 API(应用编程接口)。这样做使得我们能够以一种灵活的方式,根据需要使用不同类型的数据库。有时需要能够采用"即插即用"方法来评估意图和构建概念证明系统。在此情况下,采用类似 MangoDB 这样的 NoSQL 数据库与 Cassandra

数据库甚至图数据库组件进行比较是非常方便的。评估完成后，根据需求选择正确的数据库。使用合适的组合件满足此目的，无论是采用 Apache Camel、Spring Data 或者是 Spring 集成，关键是建立可以快速改变的模块化系统。大多数组合件代码能够与现有的代码库保持一致或类似。适当地选择组合件，需要尽量最小化重复性工作。

以上所讨论的所有数据库类型可被用作分布式数据源，当然也包括 MySQL 或 Oracle 等关系数据库。采用关系数据源的基于 ETL 处理流实现可参见图 4-2 所示的数据流。

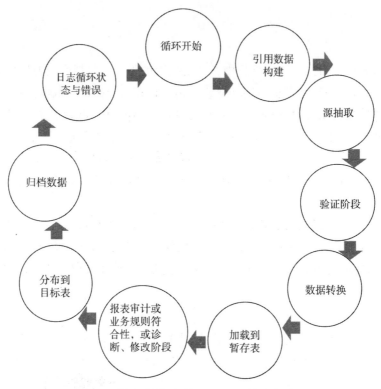

图 4-2　提取-转换-加载(ETL)处理的生命周期

(1) 循环开始。处理周期始于整个系统操作的入口部分。开始调度处理任务的位置，将作为在系统遇到问题需要重启时的返回点。

(2) 引用数据构建。"引用数据"指可用于独立的表字段或键值对"数值"部分的有效数据类型。

(3) 获取数据源。从原始数据源中检索数据并对数据做必要的预处理。这一过程也许是初步的数据清洗或规范化步骤。

(4) 确认阶段。评估数据一致性。

(5) 数据转换。针对数据集扩展"业务逻辑"操作，生成中间结果。

(6) 必要时，将结果加载到暂存表、数据缓存或仓库中。暂存表是一种临时数据存储区域，也可以采用缓存或文档数据库方式。

(7) 审计报表(出于遵守业务规则的需要或在诊断/维护阶段使用)。计算并格式化报表结果，导出到可显示格式(可以是 CSV 文件、Web 页面或者精致的交互式仪表板显示)。

报表的其他格式可以指示数据处理的有效性、时序、性能数据、系统健康数据等。这些辅助报表构成对报表任务的支撑，共同构成了针对原始数据源内容的、数据分析操作连贯的交互结果。

(8) 发布到目标表/仓库。至此，结果将被导出至指定的输出表或数据仓库中，可能包含不同的格式，包括键值缓存、文档数据库甚至是图数据库。

(9) 归档备份数据。无论是对图数据还是传统数据，建立一个备份策略是非常重要的。复制、验证和有效恢复是必须考虑的。

(10) 在日志中记录循环状态和错误。我们可以利用标准的日志系统，可以使用 Java 代码编写的 Log4j 简单级别的日志，也可以使用更为复杂的错误日志和报表系统。

重复是必要的。读者可以进一步详细阐述各个步骤，必要时可以加入自己领域涉及的问题。

4.1 图查询语言：Cypher 及 Gremlin

Cypher(http://neo4j.com/developer/cypher-query-language/) 和 Gremlin(http://tinkerpop.incubator.apache.org/gremlin.html)是两种最常用的图查询语言。多数情况下，对具有 SQL 类型查询语言背景的程序员来说，图查询语言被设计成相对容易理解的方式。图查询语言采用节点、边、关系和模式，形成关于图方式建模数据集的断言和查询。有关 Gremlin 查询语言的更多信息，请参考 Apache TinkerPop 网页。

为使用最新的 TinkerPop3(本书写作时的孵化项目)，需要在 pom.xml 文件中包含以下依赖：

```
<dependency>
    <groupId>org.apache.tinkerpop</groupId>
    <artifactId>gremlin-core</artifactId>
    <version>3.2.0-incubating</version>
</dependency>
```

在 Java 项目中定义好依赖后，读者可以按照代码清单 4-1 在 Java 集成开发环境中开展编程工作。更多相关信息请参考 https://neo4j.com/developer/cypher-query-language/ 及 http://tinkerpop.incubator.apache.org 上的在线文档。

4.2 Cypher 示例

用 Cypher 创建节点：

```
CREATE (kerry:Person {name:"Kerry"})
RETURN kerry
MATCH (neo:Database {name:"Neo4j"})
MATCH (arubo:Person {name:"Arubo"})
CREATE (anna)-[:FRIEND]->(:Person:Expert {name:"Arubo"})-[:WORKED_WITH]->(neo)
```

使用 cURL 导出到 CSV 文件:

```
curl -H accept:application/json -H content-type:application/json \
    -d '{"statements":[{"statement":"MATCH (p1:PROFILES)-[:RELATION]-(p2) RETURN ...
        LIMIT 4"}]}' \
    http://localhost:7474/db/data/transaction/commit \| jq -r '(.results[0] | .
        columns,.data[].row | @csv'
```

考虑时间性能,使用:

```
curl -H accept:application/json -H content-type:application/json \
    -d '{"statements":[{"statement":"MATCH (p1:PROFILES)-[:RELATION]-(p2) RETURN ..."}]}' \
    http://localhost:7474/db/data/transaction/commit \| jq -r '(.results[0] | .
        columns,.data[].row | @csv' | /dev/null
```

4.3 Gremlin 示例

可用 Gremlin 图查询语言替代 Cypher。

在图中添加一个节点。

```
g.addVertex([firstName:'Kerry',lastName:'Koitzsch',age:'50']); g.commit();
```

实现该任务需要多条语句。注意如何在 Gremlin 查询中通过分配值来定义变量(jdoe 和 mj)。

```
jdoe = g.addVertex([firstName:'John',lastName:'Doe',age:'25']);
mj = g.addVertex([firstName:'Mary',lastName:'Joe',age:'21']);
g.addEdge(jdoe,mj,'friend');
g.commit();
```

在两个已经存在的顶点节点 1 和节点 2 之间添加一个关系。

```
g.addEdge(g.v(1),g.v(2),'coworker');
g.commit();
```

从图中删除所有的顶点。

```
g.V.each{g.remove Vertex(it)}
g.commit();
```

从图中删除所有边。

```
g.E.each{g.removeEdge(it)}
g.commit();
```

使用 first Name='Kerry'删除所有的顶点。

```
g.V('firstName','Kerry'). each{g.remove Vertex(it)}
g. commit();
```

删除节点 1 的顶点:

```
g.removeVertex(g.v(1));
g.commit();
```

删除节点 1 的一条边:

第4章 关系、NoSQL 及图数据库

```
g.removeEdge(g.e(1));
g.commit();
```

使用频繁搜索的特定字段构建图的索引。例如 myfield。

```
g.createKeyIndex("frequentSearch",Vertex.class);
```

也可以利用 TinkerPop 的 Java 集成开发环境构建图。示例中，我们将采用本书写作时的最新版(版本 3)。

有关 TinkerPop 系统的讨论，请参考 http://tinkerpop.apache.org。

考虑数据管理问题，引用数据包括值集、编码或分类模式：这些都是适合事务的数据对象。例如，设想建立一个 ATM 撤消事务，考虑可能与该事务有关的状态编码，例如"成功(S)"、"取消(CN)"、"资金无效(FNA)"、"卡取消(CC)"等。

引用数据在一个公司范围内通常是通用的，适用于某一个国家或外部标准化部门。某些类型的引用数据(例如货币或货币代码)一般都是标准化的。其他引用数据，例如某个组织内雇员的职务，通常是非标准化的。

主数据及与之相关的事务数据组合到一起，构成事务记录。

引用数据通常是高度标准化的，要么适用于公司内部，要么遵循外部权威机构按照一定标准制定的标准代码。

与事务处理相关的数据对象将被作为引用数据引用。这些对象可能具有分类模式、值集合或状态对象。

日志周期状态和错误可以简单地在 Java 组件编程中设置为"日志等级"，并利用基于程序的日志完成其他工作，或者将整个系统构建为复杂的日志、监视、警报和自定义报告。当然，一般来说，只采用 Java 记录日志的方法是不够的。

基于 MVC(模型-视图-控制)模式的简单图数据库应用如图 4-3 所示。图查询语言可以用 Cypher 也可以用 Gremlin，本章前面讨论过这两类图查询语言。

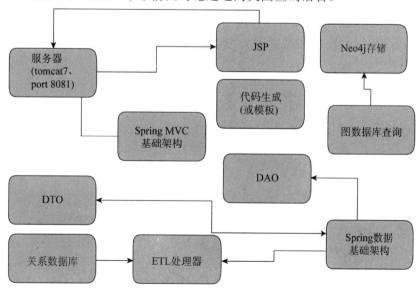

图 4-3 MVC 与图数据库组件

4.4 图数据库:Apache Neo4J

在 NoSQL 领域,图数据库是较新的类型。最常见且应用最广泛的一种图数据库是 Apache Neo4j 包。利用支持 Neo4j 的 Spring Data Component(http://projects.spring.io/spring-data-neo4j/)将 Neo4j 集成到分布式分析应用中非常方便。图 4-4 显示简单的 Neo4j 数据图。首先需要确认在 pom.xml Maven 文件中包含适当的依赖关系:

```xml
<dependency>
        <groupId>org.springframework.data</groupId>
        <artifactId>spring-data-neo4j</artifactId>
        <version>4.1.1.RELEASE</version>
</dependency>
```

记住需要提供正确的版本号,使其成为 pom.xml<properties>标记中的属性。

在以 Hadoop 为中心的系统中,图数据库可用于实现许多目的。可以将图数据库作为中间结果仓库,也可存储最终的计算结果,甚至为仪表板组件提供一些相对简单的可视化功能。

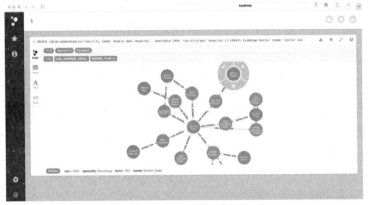

图 4-4 简单 Neo4j 数据图可视化

下面首先分析一个简单的加载和展示 Neo4j 程序。该程序使用本书"大数据分析工具集"软件中标准的 pom.xml。pom.xml 包括运行程序所需的依赖,如代码清单 4-1 所示。

代码清单 4-1   com.apress.probda.database 包

```java
import org.neo4j.driver.v1.*;

public class Neo4JExample {

public static void main (String... args){
    // NOTE: on the next line, make sure you have a user defined with the appropriate password for your
    // authorization tokens.
    Driver driver = GraphDatabase.driver( "bolt://localhost", AuthTokens.basic( "neo4j", "datrosa2016" ) );
    Session session = driver.session();

    session.run( "CREATE (a:Person {name:'Kerry', role:'Programmer'})" );

    StatementResult result = session.run( "MATCH (a:Person) WHERE a.name = 'Kerry' RETURN a.name AS name, a.role AS role" );
```

```
        while ( result.hasNext() )
        {
            Record record = result.next();
            System.out.println(record.get( "role" ).asString() + " " + record.get("name").
            as String() );
    }
        System.out.println(".....Simple Neo4J Test is now complete....");
        session.close();
        driver.close();
    }
}
```

4.5 关系数据库及 Hadoop 生态系统

在 Hadoop 出现之前,关系数据库已经存在很长时间,但关系数据库与 Hadoop、Hadoop 生态环境以及 Apache Spark 都具有非常好的兼容性。我们可以使用 Spring Data JPA (http://docs.spring.io/springdata/jpa/docs/current/reference/html/)将主流的关系数据库技术合并到分布式环境中。Java Persistence API 是一种可用于管理、访问以及保持基于对象的 Java 数据和诸如 MySQL 之类关系数据库的规范(用于 Java)。本节将使用 MySQL 作为关系数据库实现的一种示例。大多数其他的关系数据库系统都可以按照 MySQL 的方式运行。

4.6 Hadoop 以及 UA 组件

Apache Lens(lens.apache.org)是一种为 Hadoop 生态系统提供"统一分析(UA)"的新型组件,如图 4-5 所示。统一分析是随着软件组件、语言方言和技术栈的不断发展,从实际中演变而来的,至少满足分析任务所需的标准化要求。统一分析试图以统一方式对 RESTful API 和语义 Web 技术支持的 RDF 和 OWL 提供标准化数据访问语义。

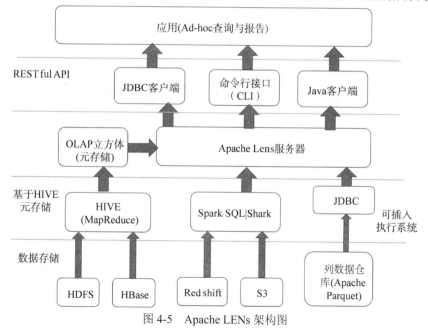

图 4-5 Apache LENs 架构图

与本书讨论的大多数组件一样，Apache Lens 安装非常方便。要下载最新版本，请访问 Web 网站(http://www.apache.org/dyn/closer.lua/lens/2.5-beta)，解压 TAR 文件并运行：

```
mvn –DskipTests clean package
```

Lens 系统(包括 Lens 用户界面组件)将会被构建，图 4-6 显示了 Apache Lens 用户界面。

图 4-6　在 Mac OSX 上使用 Maven 成功安装 Apache Lens

采用任意浏览器，通过 localhost: 8784 默认 Web 页登录到 Apache。登录界面如图 4-7 所示。

图 4-7　Apache Lens 登录页。默认用户名和密码均为 admin

运行 Lens REPL，输入：

```
./lens-cli.sh
```

你将看到类似图 4-8 所示的结果。在交互式界面上输入 help，将看到可使用的 OLAP 命令列表。

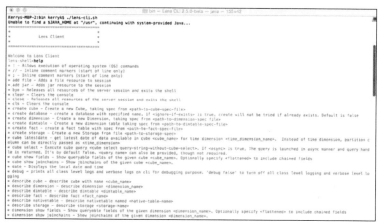

图 4-8　使用 Apache Lens REPL

Apache Zeppelin(https://zeppelin.incubator.apache.org)是一种基于 Web 的多功能笔记本应用，实现数据获取、发现和交互式分析操作。Zeppelin 实现了与 Scala、SQL 以及大多数组件、语言和库的兼容，如图 4-9 和图 4-10 所示。

```
mvn clean package -Pcassandra-spark-1.5 -Dhadoop.version=2.6.0 -Phadoop-2.6
-DskipTests
```

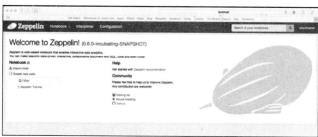

图 4-9　在浏览器用户界面上成功运行 Zeppelin

图 4-10　在 Maven 上成功建立 Zeppelin 笔记本

接着输入：

```
mvn verify
    Use
bin/zeppelin-daemon.sh start
to start Zeppelin server, and
bin/zeppelin-daemon.sh stop
```

关闭 Zeppelin 服务器。打开 https://zeppelin.apache.org/docs/0.6.0/quickstart/tutorial.html 介绍教程测试使用。在与 Apache Spark 应用和诸如 Apache Cassandra 这样的 NoSQL 组件交互时，使用 Zeppelin 特别有用，如图 4-11 所示。

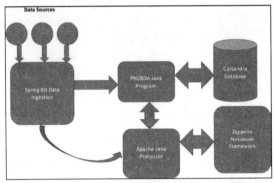

图 4-11　Zeppelin-Lens-Cassandra 架构，包含数据源

联机分析处理(OLAP)在 Hadoop 生态系统中仍然具有生命力。例如，Apache Kylin (http://kylin.apache.org)是可以与 Hadoop 一起使用的开源 OLAP 引擎。Apache Kylin 支持分布式分析，具有内置的安全性和交互式查询能力，包括对 ANSI-SQL 的支持。

Apache Kylin 需要利用 Apache Calcite(http://incubator.apache.org/projects/calcite.html)提供 "SQL 内核"。图 4-12 显示从命令行安装 HSQLDB 的情形。

要使用 Apache Calcite，需要在 pom.xnl 文件中添加以下依赖：

```
<dependency>
        <groupId>org.apache.calcite</groupId>
        <artifactId>calcite-core</artifactId>
        <version>1.7.0</version>
</dependency>
```

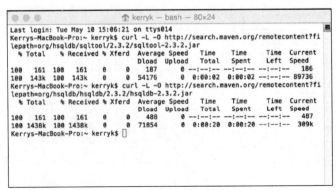

图 4-12　从命令行安装 HSQLDB

为安装 HSQLDB 工具，请在命令行执行：

```
curl -L -O http://search.maven.org/remotecontent?filepath=org/hsqldb/sqltool/2.3.2/sqltool-2.3.2.jar
```

以及

```
curl -L -O http://search.maven.org/remotecontent?filepath=org/hsqldb/hsqldb/2.3.2/hsqldb-2.3.2.jar
```

执行完成后，你将会看到类似图 4-13 所示的安装结果。正如你看到的那样，Calcite 与我们所讨论的大多数数据库兼容。与 Cassandra、Spark、Splunk 一起使用的组件均可获得。

图 4-13　成功安装 Apache Calcite 后的结果显示

4.7　本章小结

本章讨论了不同类型的数据库、可使用的软件库以及如何以分布方式使用数据库。需要强调的是，针对 Hadoop 和 Apache Spark，可以采用不同类型的数据库技术和软件库。正如我们所讨论的那样，"组合件"例如 Spring Data 项目、Spring 集成以及 Apache Camel，在大数据分析系统与数据库技术集成时是非常重要的。它们能够支持分布式处理技术与主流数据库组件的集成。建立的协同效应允许利用关系型、非关系型、图类型技术构建系统以实现业务逻辑、数据清洗、数据验证、报告以及分析生命周期中的其他许多部分。

本章还讨论了两种最流行的图查询语言，Cypher 及 Gremlin，列举了与之相关的一些简单示例，给出了利用 Gremlin REPL 执行一些简单操作的示例。

在讨论图数据库的过程中，我们对图数据库 Neo4j 给予了特别的关注，因为该图数据库是一种使用方便、功能齐全的软件包。但是请记住，与之类似的软件包还包括 Apache Giraph(giraph.apache.org)、TitanDB(http://thinkaurelius.github.io/titan)、OrientDB(http://orientdb.com/orientdb/)以及 Franz 公司的 AllegroGraph(http://franz.com/agraph/allegrograph)。

下一章将更详细地讨论分布式数据管道、数据管道的结构、必要的工具以及如何设计与实现分布式数据管道。

4.8　参考文献

1. Hohlpe, Gregor, and Woolf, Bobby. *Enterprise Integration Patterns: Designing, Building, and Deploying Messaging Solutions.* Boston, MA: Addison-Wesley Publishing, 2004.

2. Ibsen, Claus, and Strachan, James. *Apache Camel in Action.* Shelter Island, NY: Manning Publications, 2010.

3. Martella, Claudio, Logothetis, Dionysios, Shaposhnik, Roman. *Practical Graph Analytics with Apache Giraph.* New York: Apress Media, 2015.

4. Pollack, Mark, Gerke, Oliver, Risberg, Thomas, Brisbin, John, and Hunger, Michael. *Spring Data: Modern Data Access for Enterprise Java.* Sebastopol, CA: O'Reilly Media, 2012.

5. Raj, Sonal. *Neo4J High Performance.* Birmingham, UK: PACKT Publishing, 2015.

6. Redmond, Eric, and Wilson, Jim R. *Seven Databases in Seven Weeks: A Guide to Modern Databases and the NoSQL Movement.* Raleigh, NC: Pragmatic Programmers, 2012.

7. Vukotic, Alexa, and Watt, Nicki. *Neo4j in Action.* Shelter Island, NY: Manning Publication, 2015.

第 5 章

数据管道及其构建方法

本章将讨论如何利用标准数据源和 Hadoop 生态系统构建基本的数据管道。提供如何利用 Hadoop 和其他分析组件连接并处理数据源的完整示例,以及这一过程与标准 ETL 处理的类似之处。在第 15 章中,我们还将更详细地讨论相关内容。

示例系统结构的注意事项

由于我们将以最详尽的方式开发该示例系统,因此有必要先提出有关软件包结构的注意事项。将要开发的贯穿本书的示例系统包结构如图 5-1 所示,在附录 A 中也包含该内容。先来看看包中包含什么内容,在被放入数据管道前需要做些什么。有关 Probda 示例系统的主要子软件包的简短描述如图 5-2 所示。

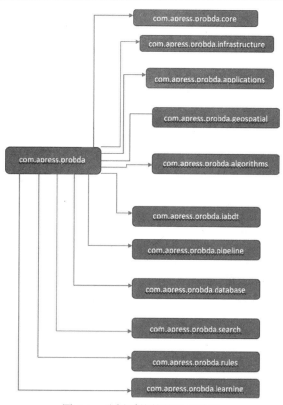

图 5-1 分析系统的基础包结构

包	描述
com.apress.probda	Probda 系统的根包
com.apress.probda.core	核心包装器类及基础支持类
com.apress.probda.infrastructure	基本类和方法
com.apress.probda.applications	应用示例的根目录
com.apress.probda.geospatial	地理空间支持类
com.apress.probda.algorithms	算法及算法支撑类
com.apress.probda.iabdt	作为大数据工具集示例的图像应用类
com.apress.probda.database	本书所用数据库的支持类
com.apress.probda.search	支持多种不同类型搜索的类
com.apress.probda.learning	支持机器学习与深度学习及其示例类
com.apress.probda.pipeline	数据管道及其支持类

图 5-2　对 Probda 示例系统中包的简短描述

本章将重点关注 com.apress.probda.pipeline 包中所涉及的各种类。

在代码中主要包括 5 个基本 Java 类，可以利用这些类，使用基本数据管道策略，完成对不同数据源的读取、转换、写入等操作。更多细节请阅读代码。

5.1　基本数据管道

基本分布式数据管道与图 5-3 所示的架构图类似。

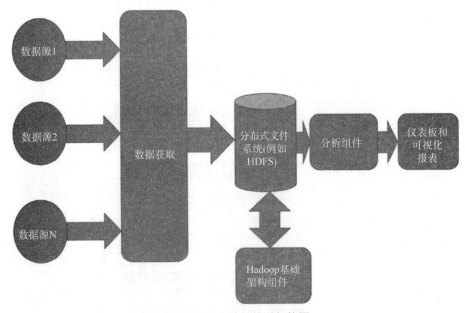

图 5-3　基本数据管道架构图

我们能使用标准的最新软件组件实现这类架构。

我们将采用 Apache Kafka、Beam、Storm、Hadoop、Druid 和 Gobblin(早期的 Camus)构建基本的数据管道。

5.2 Apache Beam 简介

Apache Beam(http://incubator.apache.org/projects/beam.html)是一种专门设计用于构建数据管道的工具集。它包含一个统一的编程模型并据此设计，因为本书中方法的核心作用在于设计并构建分布式数据管道。无论是采用 Apache Hadoop、Apache Spark 还是 Apache Flink 作为核心技术，Apache Beam 都能以一种合适的逻辑方式适应所采用的技术栈。在本书撰写期间，Apache Beam 还是一种孵化项目，因此可以通过其 Web 页检查其当前状态。图 5-4 显示 Apacher Beam 中 Maven 的创建。

Apache Beam 编程模型的关键概念如下：
- PCollection：表示数据集合，可以绑定或不必绑定大小。
- PTransform：表示将输入的 PCollection 数据转换到输出 PCollection 的计算。
- Pipeline：表示管理用于准备运行的 PTransform 和 PCollection 的有向无环图。
- PipelineRunner：指定管道应该在何处执行、如何执行。

这些基本元素可用于构建带有不同拓扑结构的管道，参考代码清单 5-1 所示的示例代码。

代码清单 5-1　Apache Beam 测试代码段示例

```
static final String[] WORDS_ARRAY = new String[] {
"probda analytics", "probda", "probda pro analytics",
"probda one", "three probda", "two probda"};

static final List<String> TEST_WORDS = Arrays.asList(WORDS_ARRAY);

static final String[] WORD_COUNT_ARRAY = new String[] {
"probda: 6", "one: 1", "pro: 1", "two: 1", "three: 1", "analytics: 2"};

@Test
@Category(RunnableOnService.class)
public void testCountWords() throws Exception {
  Pipeline p = TestPipeline.create();

PCollection<String> input = p.apply(Create.of(TEST_WORDS).withCoder(StringUtf8Coder.of()));

PCollection<String> output = input.apply(new CountWords())
.apply(MapElements.via(new FormatAsTextFn()));

PAssert.that(output).containsInAnyOrder(WORD_COUNT_ARRAY);
p.run().waitUntilFinish();
}
```

进入 contribs/Hadoop 并执行 Maven 文件完成安装。

```
mvn clean package
```

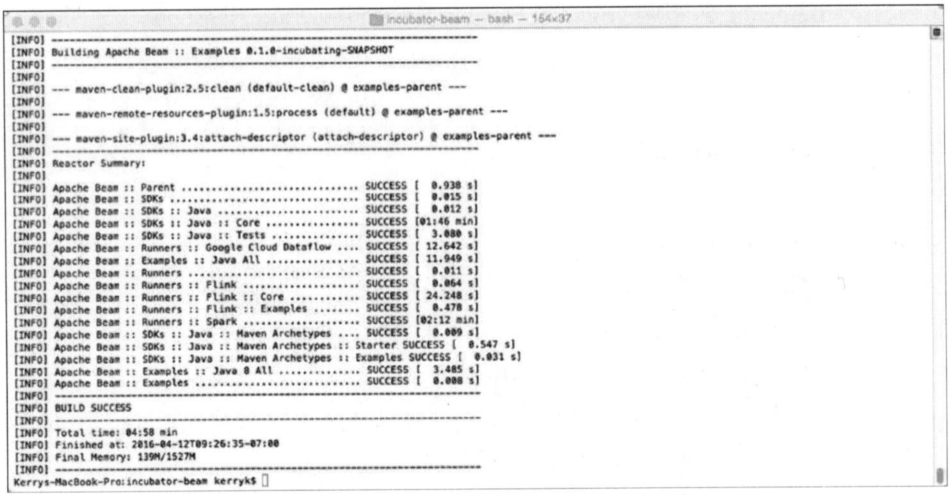

图 5-4 Apache Beam 中 Maven 的成功构建，显示反应堆的汇总结果

5.3 Apache Falcon 简介

Apache Falcon(https://falcon.apache.org)是一种数据处理和数据加工管理系统，目标是方便终端用户对其数据进行加工处理，并在 Hadoop 集群上执行数据管理工作。

Apache Falcon 提供了以下功能：

Apache Falcon(https://falcon.apache.org)可用于处理并管理 Hadoop 集群上的数据加工，提供一种管理系统，以更直接的方式实现数据流的加载和构建。包括：

- 建立各种数据之间的关系并处理 Hadoop 环境中的相关元素。
- 加工管理服务，例如数据的保留、跨集群的复制、检索等。
- 方便加载新的工作流/数据管道，支持最新的数据处理和重试策略。
- 集成元仓库/目录，例如 Hive/HCatalog。
- 基于加工组(加工数据的逻辑组，有可能一起使用)的可用性为终端用户提供通知。
- 确保用例以 colo 和全局聚集方式进行局部处理。
- 获取用于加工和处理的 Lineage 信息。

5.4 数据源与数据接收：使用 Apache Tika 构建数据管道

Apache Tika(tika.apache.org)是一种内容分析工具集。参考附录 A 可以了解 Apache Tika 的安装指南。

使用 Apache Tika，几乎所有的主流数据源都可用于分布式数据管道中。

在本例中，我们将加载采用 DBF 格式的特定数据文件，利用 Apache Tika 处理结果，使用 JavaScript 可视化工具观察工作结果。

DBF 文件通常用于表示标准数据库基于行的数据，如代码清单 5-2 所示。

代码清单 5-2　DBF 文件常用于表示标准数据库基于行的数据

```
Map: 26 has: 8 entries...
STATION-->Numeric
5203
MAXDAY-->Numeric
20
AV8TOP-->Numeric
9.947581
MONITOR-->Numeric
36203
LAT-->Numeric
34.107222
LON-->Numeric
-117.273611
X_COORD-->Numeric
474764.37263
Y_COORD-->Numeric
3774078.43207
```

读取 DBF 文件的典型方法如代码清单 5-3 所示。

代码清单 5-3　读取 DBF 文件的典型方法

```java
public static List<Map<String, Object>>readDBF(String filename){
            Charset stringCharset = Charset.forName("Cp866");
    List<Map<String,Object>> maps = new ArrayList<Map<String,Object>>();
            try {
            File file = new File(filename);
            DbfReader reader = new DbfReader(file);
            DbfMetadata meta = reader.getMetadata();
            DbfRecord rec = null;
            int i=0;
            while ((rec = reader.read()) != null) {
                    rec.setStringCharset(stringCharset);
                    Map<String,Object> map = rec.toMap();
                    System.out.println("Map: " + i + " has: " + map.size()+ "
                        entries...");
                    maps.add(map);
                    i++;
            }
            reader.close();
            } catch (IOException e){e.printStackTrace(); }
            catch (ParseException pe){ pe.printStackTrace(); }
            System.out.println(" Read DBF file: " + filename + " , with : " + maps.
                                size()+ " results...");
            return maps
}
```

Gobblin(http://gobblin.readthedocs.io/en/latest/)——以前被称为 Camus——是之前讨论过的基于"通用分析范式"的另一个示例系统。

这里似乎缺少一个通用数据获取框架，该框架用于从各种类型数据源，例如数据库、rest APII、FTP/SFTP 服务器、过滤器等，提取、转换、加载海量数据到 Hadoop。Gobblin 处理公共例程任务所需的所有数据获取 ETL，包括工作/任务调度、任务划分、错误处理、状态管理、数据质量检查、数据发布等。Gobblin 将不同数据源的数据获取到同一个执行框架中，在同一个地方管理不同源的元数据。所有这些，加上其他图形，例如自动扩展、容错、数据质量保证、可伸缩性以及处理数据模型随时间不断演化的能力，使得 Gobblin 成为一种方便易用的、自服务的、有效的数据获取框架。

图 5-5 给出了成功安装 Gobblin 系统的显示界面。

图 5-5 成功安装 Gobblin

5.5 计算与转换

对我们提供示例中的数据流开展计算和转换，可以通过几个简单步骤来完成。对本部分的处理管道可以有几种选择，包括采用 Splunk 和商业软件提供 Rocana 变换。

我们要么以 Splunk 为基础，或者使用 Rocana 转换，Rocana 转换是一种商业产品。因此要使用它需要购买或者是使用免费评估试验版。

Rocana(https://github.com/scalingdata/rocana-transform-action-plugin)转换是一种配置驱动的转换库，可以嵌入到任何基于 JVM 的流处理或批处理系统中，例如 Spark 流处理、Storm、Flink 或 Apache MapReduce。

代码示例中包含建立 Rocana 内置转换引擎的示例，在示例系统中可以执行事件数据处理。

Rocana 内置转换器主要由两个重要的类构成，参考代码示例中的文档描述。

5.6 结果可视化及报告

最好基于笔记本的软件工具来完成可视化和报告。此类软件大都基于 Python——例如 Jupyter 和 Zeppelin，通过图 5-6 回顾 Python 生态系统。Jupyter 和 Zeppelin 位于"其他包和工具箱"标题下，但这并不说明它们不重要。图 5-7 是 Anaconda Python 系统初始化安装图，图 5-8 是结果图。

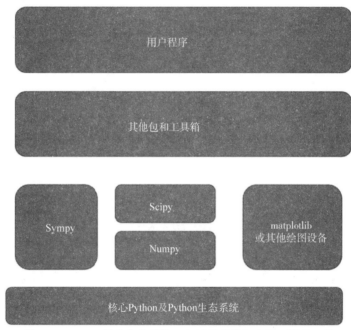

图 5-6　Python 基本生态系统，包括基于笔记本的可视化工具

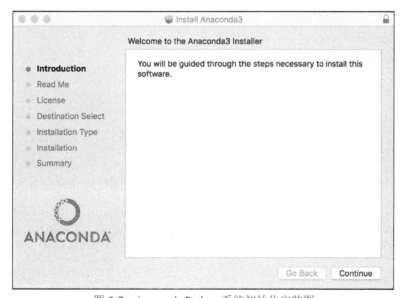

图 5-7　Anaconda Python 系统初始化安装图

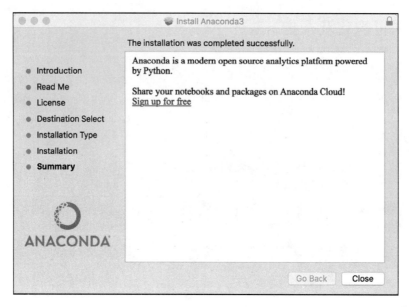

图 5-8　成功安装 Anaconda Python 结果图

我们将在后续章节中讨论复杂的可视化工具集，但现在让我们先快速浏览更为流行的基于 JavaScript 的工具集 D3，它可用于对多种数据源和演示类型的可视化工作。这些演示包括地理定位和画图、标准饼图、线和条形图、报表及其他大量演示(自定义演示类型、图数据库输出等)。

当 Anaconda 能够正确工作后，我们就可以安装另一种非常有用的工具，即 TensorFlow (https://www.tensorflow.org)，这是一种机器学习库，提供对各种"深度学习"技术的支持。

图 5-9 显示成功运行 Jupyter 笔记本程序的结果，图 5-10 显示成功安装 Anaconda 的屏幕结果。可以使用 Jupyter 可视化功能创建高级可视化，如图 5-11 所示。

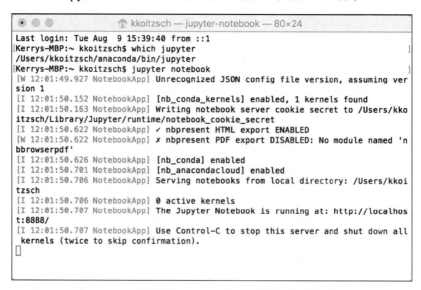

图 5-9　成功运行 Jupyter 笔记本程序的屏幕结果

第 5 章 数据管道及其构建方法

```
Kerrys-MBP:~ kkoitzsch$ git clone https://github.com/bokeh/bokeh.git
Cloning into 'bokeh'...
remote: Counting objects: 117730, done.
remote: Compressing objects: 100% (281/281), done.
remote: Total 117730 (delta 156), reused 17 (delta 17), pack-reused 117431
Receiving objects: 100% (117730/117730), 132.66 MiB | 1.63 MiB/s, done.
Resolving deltas: 100% (81821/81821), done.
Checking connectivity... done.
Kerrys-MBP:~ kkoitzsch$ which conda
/Users/kkoitzsch/anaconda/bin/conda
Kerrys-MBP:~ kkoitzsch$ conda install bokeh
Fetching package metadata .......
Solving package specifications: .........

Package plan for installation in environment /Users/kkoitzsch/anaconda:

The following packages will be downloaded:

    package                    |            build
    ---------------------------|-----------------
    anaconda-custom            |           py35_0           3 KB
    conda-env-2.5.2            |           py35_0          27 KB
    conda-4.1.11               |           py35_0         204 KB
    bokeh-0.12.1               |           py35_0         3.3 MB
    ------------------------------------------------------------
                                           Total:         3.5 MB

The following packages will be UPDATED:

    anaconda:  4.1.1-np111py35_0   --> custom-py35_0
    bokeh:     0.12.0-py35_0       --> 0.12.1-py35_0
    conda:     4.1.6-py35_0        --> 4.1.11-py35_0
    conda-env: 2.5.1-py35_0        --> 2.5.2-py35_0

Proceed ([y]/n)? y

Fetching packages ...
anaconda-custo 100% |###############################| Time: 0:00:00   2.19 MB/s
conda-env-2.5. 100% |###############################| Time: 0:00:00 270.90 kB/s
conda-4.1.11-p 100% |###############################| Time: 0:00:00 512.18 kB/s
bokeh-0.12.1-p 100% |###############################| Time: 0:00:02   1.17 MB/s
Extracting packages ...
[      COMPLETE      ]|##################################################| 100%
Unlinking packages ...
[      COMPLETE      ]|##################################################| 100%
Linking packages ...
[      COMPLETE      ]|##################################################| 100%
Kerrys-MBP:~ kkoitzsch$
```

图 5-10 成功安装 Anaconda 的屏幕结果

注意

要建立 Zeppelin，可执行以下步骤：

mvn clean package -Pcassandra-spark-1.5 -Dhadoop.version=2.6.0 -Phadoop-2.6 –Dskip Tests

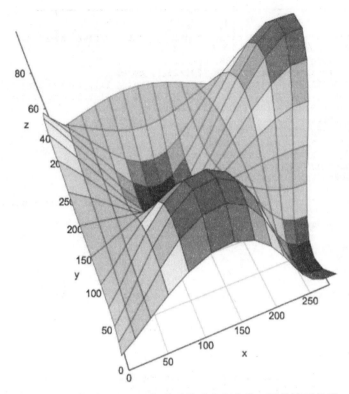

图 5-11 可使用 Jupyter 可视化功能建立复杂的可视化演示效果

5.7 本章小结

本章讨论了如何建立基本的分布式数据管道，并简略讨论了几种非常有效的工具集、技术栈以及组织和建立数据管道的策略。工具集包括 Apache Tika、Gobblin、Spring Integration 以及 Apache Flink。我们也学习了安装 Anaconda(它能够使 Python 开发环境更易设置和使用)，还学习了一种非常重要的机器学习库，即 TensorFlow。

此外，我们简略地考察了各种输入输出格式，包括古老但仍然有用的 DBF 格式。

第 6 章将讨论如何采用 Lucene 和 Solr 的高级搜索技术，介绍 Lucene 的一些有趣的新扩展，例如 ElasticSearch。

5.8 参考文献

1. Lewis, N.D. *Deep Learning Step by Step with Python*. 2016. www.auscov.com

2. Mattmann, Chris, and Zitting, Jukka. *Tika in Action*. Shelter Island, NY: Manning Publications, 2012.

3. Zaccone, Giancarlo. *Getting Started with TensorFlow*. Birmingham, UK: PACKT Open Source Publishing, 2016.

第 6 章

Hadoop、Lucene、Solr 与高级搜索技术

本章将描述 Apache Lucene 和 Solr 第三方搜索引擎组件的结构及应用,讨论如何将它们与 Hadoop 一起使用,如何为分析应用开发定制高级搜索能力。我们将考察一些新的基于 Lucene 的搜索框架,主要关注 Elasticsearch,这是一种优先选择的搜索工具,特别适用于构建分布式分析数据管道。我们还将讨论扩展的 Lucene/Solr 生态环境和一些实际的编程示例来说明如何在分布式大数据分析应用中使用 Lucene 和 Solr。

6.1 Lucene/Solr 生态系统简介

正如在第 1 章 Lucene 和 Solr 的概述中所讨论的那样,Apache Lucene 是构建定制搜索组件时采用的关键技术之一。它是一种最权威的 Apache 组件,是一款长期应用且非常成熟的组件。尽管投入使用的时间比较早,但 Lucene/Solr 项目在利用搜索技术开发有趣的新应用时仍备受关注。Lucene 和 Solr 在 2010 年时融合成一个 Apache 项目。Lucene 和 Solr 生态系统的主要组件如图 6-1 所示。

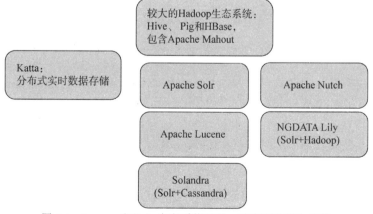

图 6-1　Lucene 和 Solr 生态系统以及一些有用的附加组件

SolrCloud 是 Lucene/Solr 技术栈中一种新增的组件，通过 RESTful 接口支持多核处理。如果希望了解更多有关 SolrCloud 的信息，请访问 https://cwiki.apache.org/confluence/display/solr/SolrCloud 的相关信息页。

6.2　Lucene 查询语法

Lucene 查询随着 Lucene 项目的发展不断演化,包括一些针对过去基本查询语法的复杂扩展。尽管 Lucene 查询语法随着版本的变化也产生了变化(自从 2001 年被引入到 Apache 后，发生相当大的变化)，但其大多数基本功能和搜索类型仍保持不变，如表 6-1 所示。

表 6-1　Lucene 查询类型及使用方法

搜索组件类型	语法	示例	描述
自由格式文本	词或词组	"to be or not to be"	采用未加引号的词或带有双引号的词组
关键词搜索	字段名：值	City: Sunnyvale	搜索的字段名、冒号、搜索的字符串
增强	后面紧跟着强化值的术语或词组	term^3	使用插入符号为术语提供一个新的增强值
通配符搜索	*符号可用于表示通用模糊搜索	*kerry	通配符搜索一般采用"*"或"?"符号
模糊搜索	使用波浪号表示度量距离	Hadoop~	模糊搜索采用波浪号表示采用编辑距离度量的近似程度
分组搜索	通用圆括号提供分组功能	(java or C)	采用圆括号表示子查询
字段分组	圆括号和冒号用于区分查询字符串	title: (+gift+"of the magi")	根据字段名分组，使用普通括号提供分组功能
范围搜索	字段名和冒号后紧跟一个范围子句	startDate:[20020101 TO 20030101] heroes:{Achilles TO Zoroaster}	方括号和关键字 TO 允许构建范围子句，例如 heroes:{Achilles TO Zoroaster}
近似搜索	术语波浪号近似值	Term~10	近似搜索采用波浪号表示匹配的"近似"程度

安装 Hadoop、Apache Solr 和 NGData Lily

本节将简述如何安装 Hadoop、Apache Solr 和 NGData 的 Lily 项目，并提出一些"快速上手"技术来实现 Lily 的安装与运行，用于开发和测试。

首先，安装 Hadoop。其下载、解压、配置、运行过程与本书介绍的其他内容相似。

成功安装并配置 Hadoop 并且设置 HDFS 文件系统后,可执行一些简单的 Hadoop 命令,如下所示：

```
Hadoop fs -ls/
```

执行该命令后，能看到类似图 6-2 所示的屏幕结果。

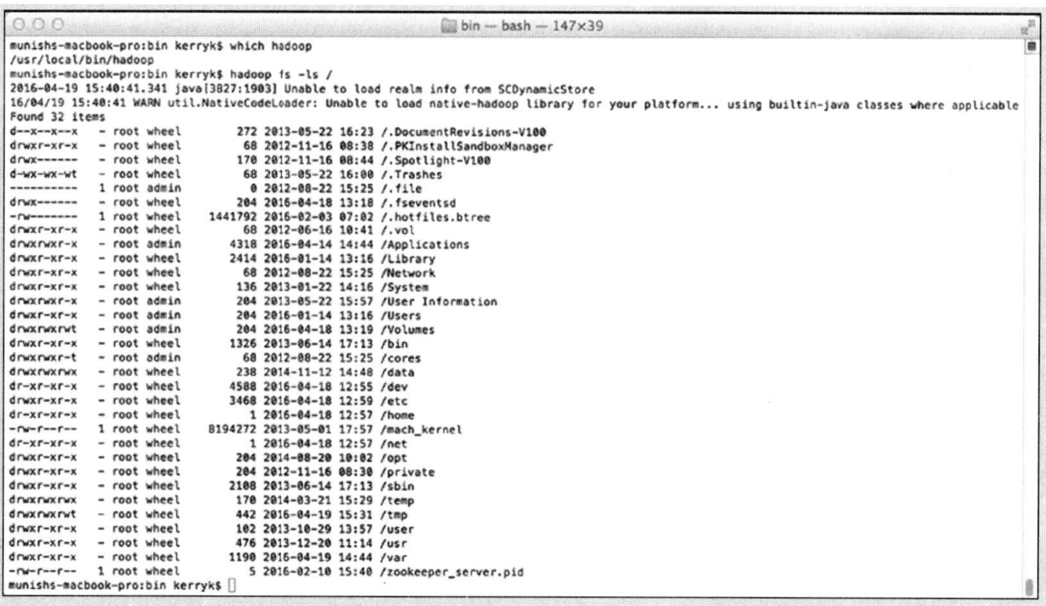

第 6 章　Hadoop、Lucene、Solr 与高级搜索技术

图 6-2　Hadoop 以及 Hadoop 分布式文件系统成功安装的测试结果

然后，安装 Solr。下载 zip 文件，解压，使用 cd 命令进入二进制文件，可使用命令行立即启动服务器。

Solr 安装成功后可看到如图 6-3 所示的测试结果。

图 6-3　Solr 安装成功并启动 Solr 服务器结果。

最后，从 http://github.com/ngdata/lilyproject 下载 NGData 的 Lily 项目。

要使 Hadoop、Lucene、Solr 和 Lily 在同一软件环境下协同工作具有一定的难度，因此我们给出了设置环境的一些技巧。

77

使用 Hadoop 与 Solr 和 Lucene 协同工作的技巧

(1) 确保能够用不带口令的"ssh"命令登录。该命令是 Hadoop 正确工作的基础。不会影响 Hadoop 安装,确保所用的使用部件正常工作。可在命令行输入一些命令,快速测试 Hadoop 功能。

(2) 确保正确地设置环境变量,适当地配置初始化文件。如果采用的是 MacOS,还包括配置 .bash_profile 文件。

(3) 频繁测试组件交互情况。在分布式系统中通常有许多运行部分。单独执行测试确保每个部分平滑工作。

(4) 在适当情况下使用单机、伪分布式、全分布式模式进行测试交互。包括分析可能出现的性能问题、挂起、未预见的停止和错误、版本不兼容等。

(5) 分析 pom.xml 文件发现版本不兼容问题,执行良好的 pom.xml 文件随时保证系统健康工作。确保类似 Java、Maven、Python、npm、Node 及其他的基础组件是最新版本且具有兼容性。注意,本书的大多数示例使用 Java 8(某些示例需要利用 Java 8 提供的高级特征),采用 Maven3+。当不确定时,使用命令 Java -version 和 mvn -version。

(6) 在技术栈上执行"全面优化(overall optimization)"。该工作涵盖 Hadoop、Solr 和数据源/接收装置等级别。发现瓶颈和资源问题。识别"有问题的硬件",若运行在较小的 Hadoop 集群上,特别要注意识别单个"有问题的处理器"。

(7) 在应用中频繁地执行多核功能。在复杂应用中,几乎不会使用单核,因此要确保多核平滑工作。

(8) 严格执行集成测试。

(9) 必须对性能进行监视。使用标准性能监视"脚本"并基于先前的结果和当前的预期对性能进行评估。根据需要升级硬件和软件,根据提高性能的需要对硬件和软件升级,继续开展监视活动以确保能进行精确分析。

(10) 不要忽略单元测试。有关如何为当前 Hadoop 版本撰写单元测试,请参考 https://wiki.apache.org/hadoop/HowToDevelopUnitTests。

对所有基于 Solr 的分布式数据管道架构来说,Apache Katta(http://katta.sourceforge.net/about)均是一种有用的附件,它使得 Hadoop 能够以碎片方式索引,另外,它还包含其他一些高级特性。

如何安装并配置 Apache Katta

(1) 从 https://sourceforge.net/projects/katta/files 的文档库下载 Apache Katta,并解压文件。

(2) 如果运行环境为 MacOS,需要在 .bash_profile 文件中添加 Katta 环境变量。如果运行的是其他版本的 Linux 系统,需要添加相关的启动文件。这些变量包括(请注意此处提供的仅为示例,请用你自己确定的适合路径值替换相关内容):

```
export KATTA_HOME=/Users/kerryk/Downloads/kata-core-0.6.4
```

在 PATH 中增加 Katta 二进制目录以便能够直接调用它。

```
export PATH=$KATTA_HOME/bin:$PATH
```

（3）通过在命令行输入 `ps -al |grep katta`，检查确认 Katta 被正确运行。可以看到如图 6-4 所示的结果。

图 6-4　成功初始化 Katta Solr 子系统后的结果页面

（4）成功运行 Katta 组件将生成与图 6-5 类似的页面。

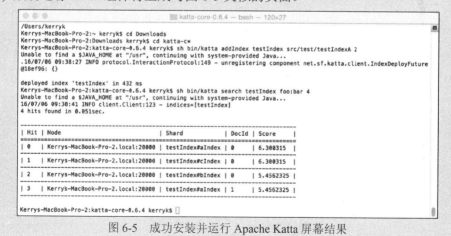

图 6-5　成功安装并运行 Apache Katta 屏幕结果

6.3　使用 Solr 的编程示例

本节将构建一个利用 Solr 加载、修改、评估和搜索我们从互联网下载的一个标准数据集的完整示例。在构建过程中，我们会强调 Solr 的一些特性。正如我们在前述内容中提到的那样，Solr 包含几种被称为"核"的不同数据存储库。每个数据存储库对应一个独立定义的模式。可以通过命令行建立 Solr 核。

首先下载格式为 CSV 的示例数据集合，下载位置为 http://samplecsvs.s3.amazonaws.com/SacramentocrimeJanuary2006.csv。

你会从下载目录中发现文件名为 yourDownLoadDirectory/SacramentocrimeJanuary2006.csv 的文件。

使用如下命令，建立新的 Solr 核。

```
./solr create -c crimecore1 -d basic_configs
```

运行命令后，若看到类似图 6-6 所示的结果，表明 Solr 核被成功构建。

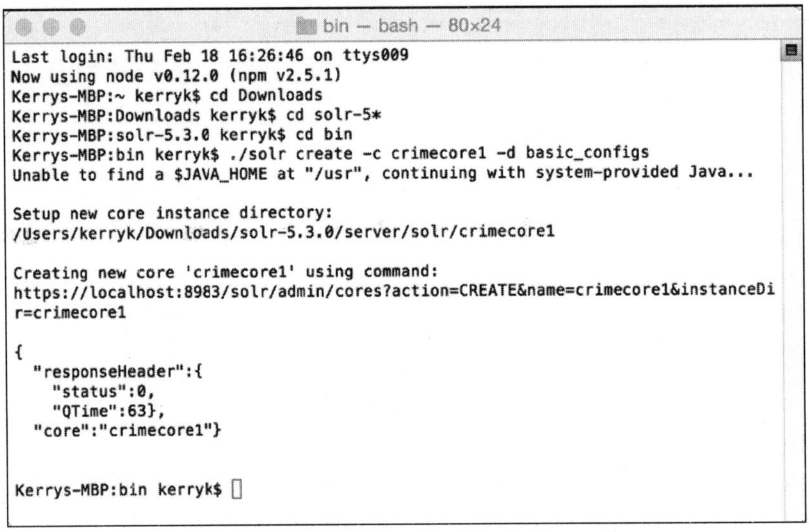

图 6-6 Solr 核的成功构建

修改模式文件 schema.xml，在定义的最后部分添加正确的字段。

```
<!-- much more of the schema.xml file will be here -->
          ...........
<!-- you will now add the field specifications for the cdatetime,address,district,
  beat,gri
d,crimedescr,ucr_ncic_code,latitude,longitude
    fields found in the data file SacramentocrimeJanuary2006.csv
-->
  < field name="cdatetime" type="string" indexed="true" stored="true" required="true"
    multiValued="false" />
  < field name="address" type="string" indexed="true" stored="true" required="true"
    multiValued="false" />

  < field name="district" type="string" indexed="true" stored="true" required="true"
    multiValued="false" />
<field name="beat" type="string" indexed="true" stored="true" required="true"
multiValued="false" />

<field name="grid" type="string" indexed="true" stored="true" required="true"
```

```xml
multiValued="false" />
<field name="crimedescr" type="string" indexed="true" stored="true" required="true"
multiValued="false" />
<field name="ucr_ncic_code" type="string" indexed="true" stored="true" required="true"
multiValued="false" />
<field name="latitude" type="string" indexed="true" stored="true" required="true"
multiValued="false" />

<field name="longitude" type="string" indexed="true" stored="true" required="true"
multiValued="false" />
  <field name="internalCreatedDate" type="date" indexed="true" stored="true"
required="true" multiValued="false" />

  <!-- the previous fields were added to the schema.xml file. Field type definition for
currentcy is shown below -->

  <fieldType name="currency" class="solr.CurrencyField" precisionStep="8"
defaultCurrency="USD" currencyConfig="currency.xml" />

</schema>
```

通过在 CSV 文件的数据行中添加关键词和附加数据可使修改更加容易。代码清单 6-1 给出了实现此类 CSV 转换程序的简单示例。

通过在 CSV 文件中添加唯一键和创建时间来修改 Solr 数据。

完成该工作的程序如代码清单 6-1 所示。文件名为 com/apress/converter/csv/CSVConverter.java。

向 CSV 文件格式的数据集添加字段的程序几乎不需要解释。程序逐行读取 CSV 文件，为每行数据添加唯一 ID 和日期字段。实现的类中包含两个 helper 方法：createInternalSolrDate() 和 getCSVField()。

图 6-7 中的 Excel 表给出了 CSV 数据文件头和前面的几行数据。

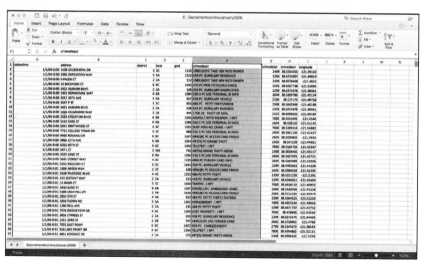

图 6-7 Crime 数据的 CSV 文件，本章将会用到相关的数据

代码清单 6-1 CSVConverter.java 的 Java 源代码

```java
package com.apress.converter.csv;

import java.io.File;
```

```java
import java.io.FileNotFoundException;
import java.io.FileOutputStream;
import java.io.FileReader;
import java.io.FileWriter;
import java.io.IOException;
import java.io.LineNumberReader;
import java.text.DateFormat;
import java.text.SimpleDateFormat;
import java.util.ArrayList;
import java.util.Date;
import java.util.List;
import java.util.TimeZone;
import java.util.logging.Logger;

public class CSVConverter {
    Logger LOGGER = Logger.getAnonymousLogger();

    String targetSource = "SacramentocrimeJan2006.csv";
    String targetDest = "crime0.csv";

    /** Make a date Solr can understand from a regular oracle-style day string.
     *
     * @param regularJavaDate
     * @return
     */
    public String createInternalSolrDate(String regularJavaDate){
        if (regularJavaDate.equals("")||(regularJavaDate.equals("\"\""))){ return ""; }

        String answer = "";
        TimeZone tz = TimeZone.getTimeZone("UTC");
        DateFormat df = new SimpleDateFormat("yyyy-MM-dd'T'HH:mm'Z'");
        df.setTimeZone(tz);
        try {
        answer = df.format(new Date(regularJavaDate));
        } catch (IllegalArgumentException e){
            return "";
        }
        return answer;
    }
    /** Get a CSV field in a CSV string by numerical index. Doesnt care if there are
        blank fields, but they count in the indices.
     *
     * @param s
     * @param fieldnum
     * @return
     */
      public String getCSVField(String s, int fieldnum){
        String answer = "";
        if (s != null) { s = s.replace(",,", ", ,");
        String[] them = s.split(",");
        int count = 0;
        for (String t : them){
            if (fieldnum == count) answer = them[fieldnum];
            count++;
        }
        }
        return answer;
    }

    public CSVConverter(){
        LOGGER.info("Performing CSV conversion for SOLR input");
```

```java
                List<String>contents = new ArrayList<String>();
                ArrayList<String>result = new ArrayList<String>();
                String readline = "";
                LineNumberReader reader = null;
                FileOutputStream writer = null;
                try {
                        reader = new LineNumberReader(new FileReader(targetSource));
                        writer = new FileOutputStream(new File(targetDest));
                        int count = 0;
                        int thefield = 1;
                        while (readline != null){
                        readline = reader.readLine();
                        if (readline.split(","))<2){
                                LOGGER.info("Last line, exiting...");
                                break;
                        }
                         if (count != 0){
                                String origDate = getCSVField(readline, thefield).
                                  split(" ")[0];
                                String newdate = createInternalSolrDate(origDate);
                                String resultLine = readline + "," + newdate+"\n";
                                LOGGER.info("===== Created new line: " + resultLine);
                                writer.write(resultLine.getBytes());
                                result.add(resultLine);
                        } else {
                                String resultLine = readline +",INTERNAL_CREATED_DATE\n";
                                    // add the internal date for faceted search
                                writer.write(resultLine.getBytes());
                        }
                        count++;
                        LOGGER.info("Just read imported row: " + readline);
                        }
                } catch (FileNotFoundException e) {
                        e.printStackTrace();
                } catch (IOException e) {
                        // TODO Auto-generated catch block
                    e.printStackTrace();
                }
                for (String line : contents){
                String newLine = "";
                }
                try {
                reader.close();
                writer.close();
                } catch (IOException e){ e.printStackTrace(); }
                LOGGER.info("...CSV conversion complete...");
        }

        /** MAIN ROUTINE
         *
         * @param args
         */
        public static void main(String[] args){
            new CSVConverter(args[0], args[1]);
        }
}
```

编译文件请输入：

```
javac com/apress/converter/csv/CSVConverter.java
```

第 I 部分 概念

按上面的描述正确设置 CSV 转换程序后，可以通过输入以下命令来执行它：

```
java com.apress.converter.csv.CSVConverter inputcsvfile.csv outputcsvfile.csv
```

将修改后的数据存入 Solr 核：

```
./post -c crimecore1 ./modifiedcrimedata2006.csv
```

现在我们已将数据放入 Solr 核中，可以用 Splr 仪表板验证数据集。回到位置 localhost:8983 实现该工作。图 6-8 显示 Solr 仪表板的初始情况，图 6-9 显示 Solr 查询结果。

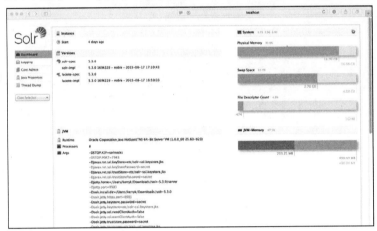

图 6-8　初始化 Solr 仪表板

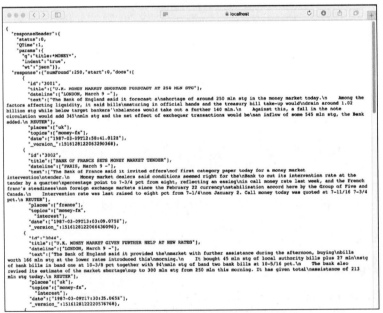

图 6-9　Solr 查询结果，以 JSON 格式输出

我们也可以采用本章前面建立的 Solandra 核来评估数据。

现在从 Core 下拉菜单中选择 crimedata0 核。点击查询并改变输出格式(下拉菜单中默认为 wt)为 csv。此时可以看到几个数据文件。显示如图 6-10 所示内容。

第 6 章 Hadoop、Lucene、Solr 与高级搜索技术

图 6-10 使用仪表板的 Solr 查询结果

因为 Solr 的 RESTful 接口，可通过仪表板(需要遵守前面讨论的 Lucene 查询语法)或采用 CURL 通过命令行进行查询。

6.4 使用 ELK 栈(Elasticsearch、Logstash、Kibana)

前面我们提到，可以用其他产品替代 Lucene、Solr 和 Nutch。根据应用系统的总体架构，可选择多种技术栈、语言、集成和内置帮助库，可以实现相关的功能。一些组件可使用 Lucene 或 Solr，或通过集成帮助库与 Lucene 或 Solr 组件兼容，例如 Spring Data、Spring MVC 或 Apache Camel 以及其他组件。替换基本 Lucene 栈的一种方法是采用大家熟知的"ELK 栈"，如图 6-11 所示。

Elasticsearch(elasticsearch.org)是一种分布式高性能搜索引擎。Elasticsearch 在底层使用 Lucene 作为核心组件。Elasticsearch 是 SolrCloud 强有力的竞争者，易于扩展、维护、监控和部署。

我们为什么不用 Elasticsearch 替代 Solr 呢？仔细分析 Solr 和 Elasticsearch 的特征比较表(如表 6-2 所示)，多数情况下，两种组件的功能类似。它们均利用 Apache Lucene。都可以采用 JSON 作为数据交换格式，Solr 还能够支持 XML。图 6-12 显示了搜索引擎/数据管理架构图。

表 6-2 Apache Solr 与 Elasticsearch 特征比较表

	JSON	XML	CSV	HTTP REST	JMX	客户库	Lucene 查询分析	独立的分布式集群	分片可视化	Web 管理界面
Solr	X	X	X	X	X	Java	X		X	Kibana Port (Banana)
Elastic Search	X			X		Java python JavaScript	X	X	X	Kibana

Logstash(logstash.net)是一种有用的应用，它可将各种不同种类的数据导入 Elasticsearch 中，包括 CSV 格式的文件和常见的"log 格式"文件。Kibana(https://www.elastic.co/guide/en/current/index.html)是一种开源的可视化组件，允许用户自定义定制。Elasticsearch、Logstash、Kibana 一起使用，构成"ELK 栈"。本节将考察有关 ELK 栈的简单示例。

图 6-11　"ELK 栈"：Elasticsearch、Logstash 及 Kibana 可视化组件

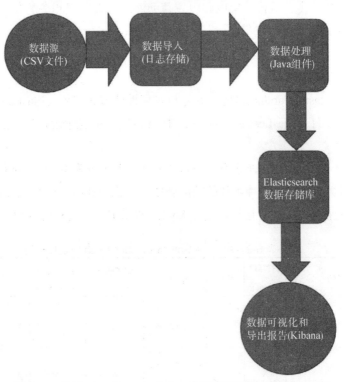

图 6-12　使用 ELK 栈：Elasticsearch 搜索引擎/数据管道架构图

第 6 章　Hadoop、Lucene、Solr 与高级搜索技术

安装 Elasticsearch、Logstash 和 Kibana

ELK 栈的安装和试验存在一定难度。如果你按照本书到目前为止提供的有关指导章节实施，其过程比较容易。请安装以下三个步骤来安装和测试 ELK 栈。

(1) 从 https://www.elastic.co/downloads/elasticsearch 下载 Elasticsearch。

解压下载文件，并将文件存储到合适的中转区。然后，

```
cd $ELASTICSEARCH_HOME/bin/
./elasticsearch
```

Elasticsearch 将成功启动，如图 6-13 所示。

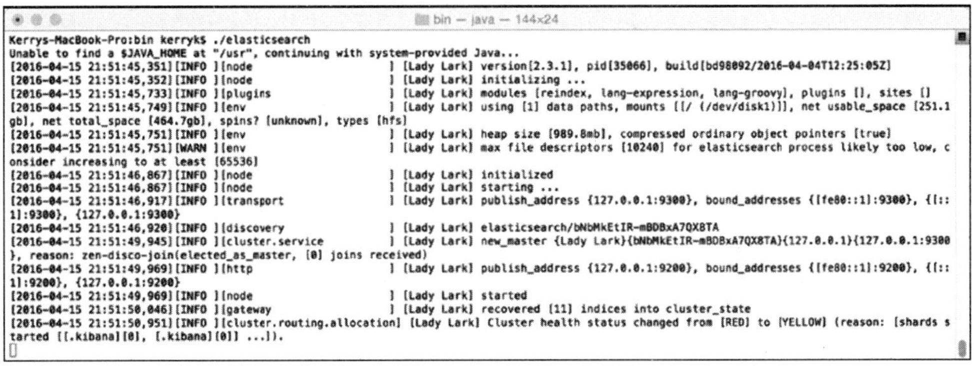

图 6-13　从二进制目录成功启动 Elasticsearch 服务器

使用以下 Java 程序导入犯罪数据 CSV 文件(或者，稍加修改以便导入希望导入的其他任何文件)：

```java
public static void main(String[] args)
{
    System.out.println( "Import crime data" );
    String originalClassPath = System.getProperty("java.class.path");
    String[] classPathEntries = originalClassPath.split(";");
    StringBuilder esClasspath = new StringBuilder();
    for (String entry : classPathEntries) {
        if (entry.contains("elasticsearch") || entry.contains("lucene")) {
            esClasspath.append(entry);
            esClasspath.append(";");
        }
    }
    System.setProperty("java.class.path", esClasspath.toString());
    System.setProperty("java.class.path", originalClassPath);
    System.setProperty("es.path.home", "/Users/kerryk/Downloads/ elasticsearch-
        2.3.1");
    String file = "SacramentocrimeJanuary2006.csv";
    Client client = null;
    try {
        client = TransportClient.builder().build()
            .addTransportAddress(new InetSocketTransportAddress(InetAddress.getByName
                ("localhost"), 9300));

        int numlines = 0;
```

```java
            XContentBuilder builder = null;
            int i=0;
            String currentLine = "";
            BufferedReader br = new BufferedReader(new FileReader(file));
                while ((currentLine = br.readLine()) != null) {
                if (i > 0){
                System.out.println("Processing line: " + currentLine);
            String[] tokens = currentLine.split(",");
            String city = "sacramento";
            String recordmonthyear = "jan2006";
            String cdatetime = tokens[0];
            String address = tokens[1];
            String district = tokens[2];
            String beat = tokens[3];
            String grid = tokens[4];
            String crimedescr = tokens[5];
            String ucrnciccode = tokens[6];
            String latitude = tokens[7];
            String longitude = tokens[8];
            System.out.println("Crime description = " + crimedescr);
            i=i+1;
            System.out.println("Index is: " + i);
            IndexResponse response = client.prepareIndex("thread", "answered", "400"+new
                Integer(i).toString()).setSource(

            jsonBuilder()
            .startObject()
            .field("cdatetime", cdatetime)
            .field("address", address)
            .field("district", district)
            .field("beat", beat)
            .field("grid", grid)
            .field("crimedescr", crimedescr)
            .field("ucr_ncic_code", ucrnciccode)
            .field("latitude", latitude)
            .field("longitude", longitude)
            .field("entrydate", new Date())
            .endObject()
            .execute().actionGet();
                } else {
                    System.out.println("Ignoring first line...");
                    i++;
                }
            }
    } catch (Exception e) {
        // TODO Auto-generated catch block
        e.printStackTrace();
        }
    }
```

在 Eclipse 上运行程序，将出现与图 6-14 类似的结果。请注意 CSV 文件的每行被作为字段集合导入 Elasticsearch 库中。你也可以通过修改代码示例中适当的字符串来选择索引名和索引类型。

第 6 章　Hadoop、Lucene、Solr 与高级搜索技术

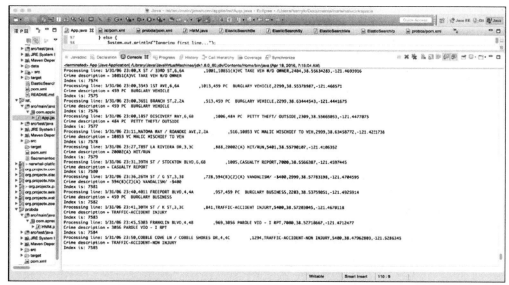

图 6-14　从 Eclipse IDE 成功导入犯罪数据库到 Elasticsearch 后生成的界面

可通过在命令行使用 curl 执行一些示例查询，以测试新 Elasticsearch 设置的查询能力。如图 6-15 和图 6-16 所示。

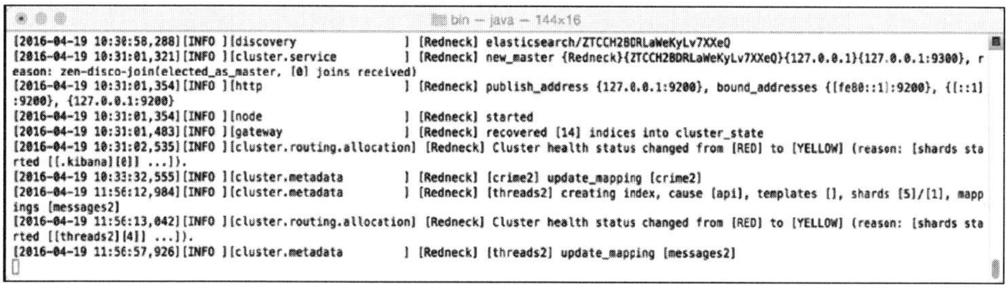

图 6-15　通过 Elasticsearch 终端查看模式修改日志

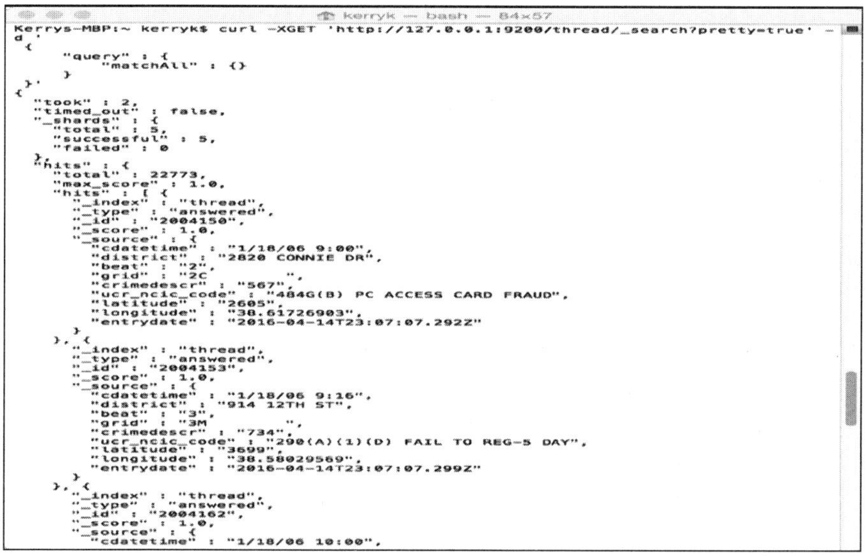

图 6-16　从命令行成功测试 Elasticsearch 犯罪数据库查询界面

(2) 从 https://www.elastic.co/downloads/logstash 下载 Logstash。将下载文件解压到中转区。

```
cd <your logstash staging area, LOGSTASH_HOME>
```

在输入一些文本后，你将看到类似图 6-17 所示的响应结果。

为使用 Logstash，需要设置配置文件。以代码清单 6-2 所示的指导作为建立配置文件的基础。

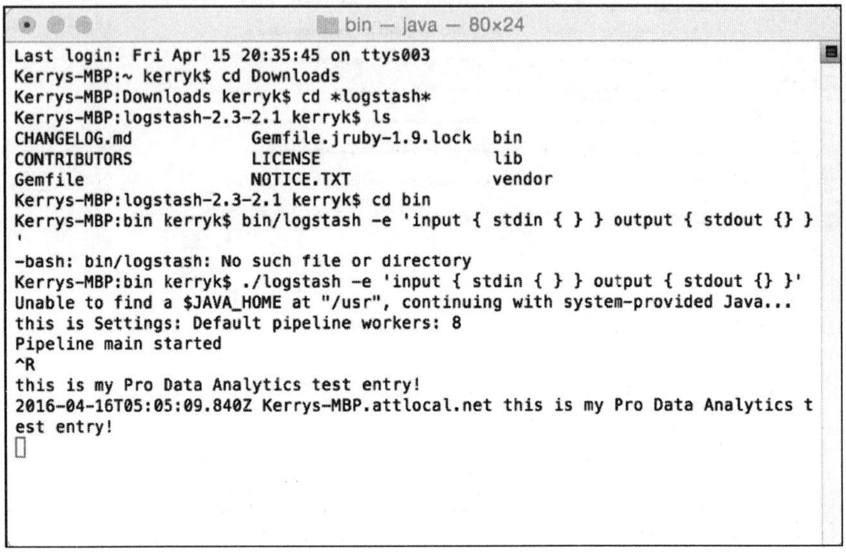

图 6-17　从命令行输入文本，测试 Logstash 安装结果

代码清单 6-2　典型的 Logstash 配置文件列表

```
input { stdin { } }

filter {
  grok {
    match => { "message" => "%{COMBINEDAPACHELOG}" }
  }
  date {
    match => [ "timestamp" , "dd/MMM/yyyy:HH:mm:ss Z" ]
  }
}

output {
  elasticsearch { hosts => ["localhost:9200"] }
  stdout { codec => rubydebug }
}
```

(3) 从 https://www.elastic.co/downloads/kibana 下载 Kibana。

将下载的文件解压到中转区。

采用类似的方法启动 Elasticsearch 服务器。

```
cd bin
./kibana
```

图 6-18 显示从二进制目录启动 Kibana 可视化组件。

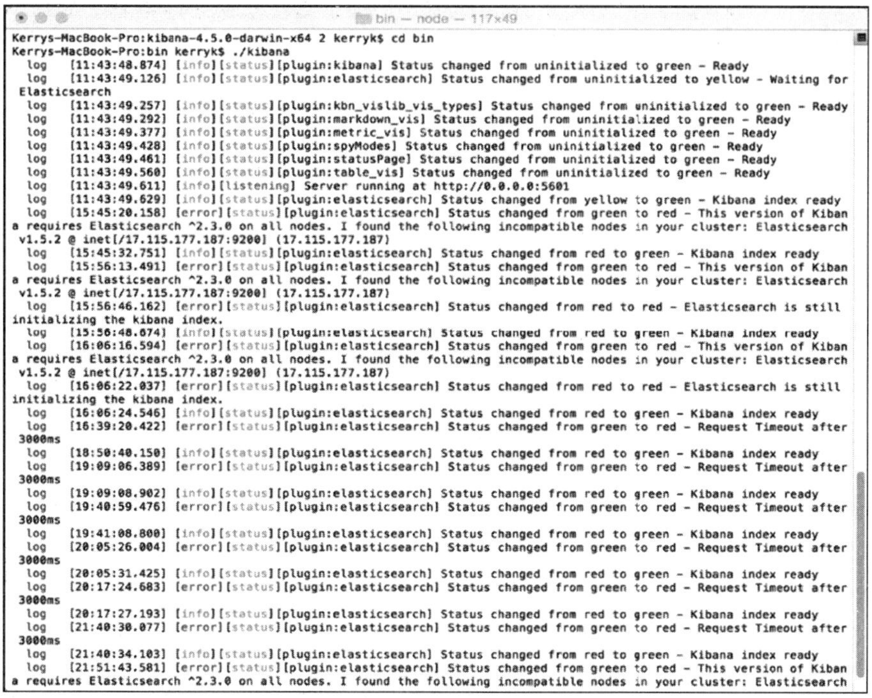

第 6 章　Hadoop、Lucene、Solr 与高级搜索技术

图 6-18　从其所在的二进制目录启动 Kibana 可视化组件

可以使用如图 6-19 和图 6-20 所示的 Kibana 仪表板进行简单的关键字查询或更复杂的交互式查询。

图 6-19　包含犯罪数据集的 Kibana 仪表板示例

图 6-20　Kibana 仪表板示例：突出显示搜索 Fraud

使用 cUrl 命令将针对犯罪数据的这种模式添加到 Elasticsearch 中。

```
curl -XPUT http://localhost:9200/crime2 -d '
{ "mappings" :
{ "crime2" : { "properties" : { "cdatetime" : {"type" : "string"}, "address" : {"type": "string"}, "district" : {"type" : "string"}, "beat" : {"type" : "string"}, "grid" : {"type" : "string"}, "crimedescr" : {"type": "string"}, "ucr_ncic_code": {"type": "string"},"latitude": {"type" : "string"}, "longitude": {"type" : "string"}, "location": {"type" : "geo_point"}}
} } }'
```

注意

请特别注意"位置(Location)"标签，它包含 geo_point-type(地理信息点类型)定义。这种方式使得 Kibana 能够识别地图上的物理位置，用于实现可视化，如图 6-21 所示。

图 6-21　在 Kibana 中可视化萨克拉门托犯罪数据

图 6-21 是快速理解复杂数据集的良好示例。我们可以立即鉴别出红色"高犯罪率"区域。

6.5 Solr 与 Elasticsearch：特点与逻辑

代码清单 6-3 给出一个示例，被称为 CRUD 操作(建立、替换、更新、删除，以及附加的搜索方法)，在代码示例中采用 Elasticsearch。

代码清单 6-3 应用于 Elasticsearch 的 CRUD 操作

```java
package com.apress.main;

import java.io.IOException;
import java.util.Date;
import java.util.HashMap;
import java.util.Map;
import org.elasticsearch.action.delete.DeleteResponse;
import org.elasticsearch.action.get.GetResponse;
import org.elasticsearch.action.search.SearchResponse;
import org.elasticsearch.action.search.SearchType;
import org.elasticsearch.client.Client;
import static org.elasticsearch.index.query.QueryBuilders.fieldQuery;
import org.elasticsearch.node.Node;
import static org.elasticsearch.node.NodeBuilder.nodeBuilder;
import org.elasticsearch.search.SearchHit;
/**
 *
 * @author kerryk
 */

public class ElasticSearchMain {

        public static final String INDEX_NAME = "narwhal";
        public static final String THEME_NAME = "messages";

    public static void main(String args[]) throws IOException{

        Node node = nodeBuilder().node();
        Client client = node.client();

        client.prepareIndex(INDEX_NAME, THEME_NAME, "1")
              .setSource(put("ElasticSearch: Java",
                             "ElasticSeach provides Java API, thus it
                                 Executes all operations " +
                             "asynchronously by using client object..",
                             new Date(),
                             new String[]{"elasticsearch"},
                             "Kerry Koitzsch", "iPad", "Root")).execute().
                                 actionGet();
    client.prepareIndex(INDEX_NAME, THEME_NAME, "2")
          .setSource(put("Java Web Application and ElasticSearch (Video)",
                         "Today, here I am for exemplifying the usage of
ElasticSearch which is an open source, distributed " +
                         "and scalable full text search engine and a data
analysis tool in a Java web application.",
```

```java
                                        new Date(),
                                        new String[]{"elasticsearch"},
                                    "Kerry Koitzsch", "Apple TV", "Root")).
                                        execute().actionGet();

    get(client, INDEX_NAME, THEME_NAME, "1");

    update(client, INDEX_NAME, THEME_NAME, "1", "title", "ElasticSearch: Java API");
    update(client, INDEX_NAME, THEME_NAME, "1", "tags", new String[]{"bigdata"});

    get(client, INDEX_NAME, THEME_NAME, "1");

    search(client, INDEX_NAME, THEME_NAME, "title", "ElasticSearch");

    delete(client, INDEX_NAME, THEME_NAME, "1");

    node.close();
}

public static Map<String, Object> put(String title, String content, Date postDate,
                                    String[] tags, String author,
                                    String communityName, String
                                    parentCommunityName){

    Map<String, Object> jsonDocument = new HashMap<String, Object>();

    jsonDocument.put("title", title);
    jsonDocument.put("content", content);
    jsonDocument.put("postDate", postDate);
    jsonDocument.put("tags", tags);
    jsonDocument.put("author", author);
    jsonDocument.put("communityName", communityName);
    jsonDocument.put("parentCommunityName", parentCommunityName);
    return jsonDocument;
}

public static void get(Client client, String index, String type, String id){

    GetResponse getResponse = client.prepareGet(index, type, id)
                                .execute()
                                .actionGet();

    Map<String, Object> source = getResponse.getSource();

    System.out.println("--------------------------------");
    System.out.println("Index: " + getResponse.getIndex());
    System.out.println("Type: " + getResponse.getType());
    System.out.println("Id: " + getResponse.getId());
    System.out.println("Version: " + getResponse.getVersion());
    System.out.println(source);
    System.out.println("--------------------------------");

}

public static void update(Client client, String index, String type,
                        String id, String field, String newValue){

    Map<String, Object> updateObject = new HashMap<String, Object>();
    updateObject.put(field, newValue);

    client.prepareUpdate(index, type, id)
            .setScript("ctx._source." + field + "=" + field)
```

```java
                .setScriptParams(updateObject).execute().actionGet();
    }
    public static void update(Client client, String index, String type,
                                    String id, String field, String[] newValue){
        String tags = "";
        for(String tag :newValue)
            tags += tag + ", ";

        tags = tags.substring(0, tags.length() - 2);

        Map<String, Object> updateObject = new HashMap<String, Object>();
        updateObject.put(field, tags);

        client.prepareUpdate(index, type, id)
                .setScript("ctx._source." + field + "+=" + field)
                .setScriptParams(updateObject).execute().actionGet();
    }
    public static void search(Client client, String index, String type,
                                    String field, String value){

        SearchResponse response = client.prepareSearch(index)
                                    .setTypes(type)
                                    .setSearchType(SearchType.QUERY_AND_FETCH)
                                    .setQuery(fieldQuery(field, value))
                                    .setFrom(0).setSize(60).setExplain(true)
                                    .execute()
                                    .actionGet();

        SearchHit[] results = response.getHits().getHits();

        System.out.println("Current results: " + results.length);
        for (SearchHit hit : results) {
        System.out.println("------------------------------");
        Map<String,Object> result = hit.getSource();
        System.out.println(result);
        }
    }

    public static void delete(Client client, String index, String type, String id){
        DeleteResponse response = client.prepareDelete(index, type, id).execute().actionGet();
        System.out.println("===== Information on the deleted document:");
        System.out.println("Index: " + response.getIndex());
        System.out.println("Type: " + response.getType());
        System.out.println("Id: " + response.getId());
        System.out.println("Version: " + response.getVersion());
    }
}
```

为搜索组件定义 CRUD 操作是总体架构的关键，也保障定制组件能"适应"系统其他部分。

6.6 应用于 Elasticsearch 和 Solr 的 Spring Data 组件

本节将开发一个代码示例，使用 Spring Data 实现某种组件，这些组件在后台使用 Solr

和 Elasticsearch 作为搜索框架。

可以在 pom.xml 文件中为 Elasticsearch 和 Solr 分别定义如下所示的两个属性：

```xml
<spring.data.elasticsearch.version>2.0.1.RELEASE</spring.data.elasticsearch.version>
<spring.data.solr.version>2.0.1.RELEASE</spring.data.solr.version>

<dependency>
        <groupId>org.springframework.data</groupId>
        <artifactId>spring-data-elasticsearch</artifactId>
        <version>2.0.1.RELEASE</version>
</dependency>
and
<dependency>
        <groupId>org.springframework.data</groupId>
        <artifactId>spring-data-solr</artifactId>
        <version>2.0.1.RELEASE</version>
</dependency>
```

现在，我们可以开发如代码清单 6-4、6-5 和 6-6 所示的基于 Spring Data 的示例。

代码清单 6-4　NLP(自然语言处理)程序-main()可执行方法

```java
package com.apress.probda.solr.search;
import org.springframework.boot.SpringApplication;
import org.springframework.boot.autoconfigure.EnableAutoConfiguration;
import org.springframework.context.annotation.ComponentScan;
import org.springframework.context.annotation.Configuration;
import org.springframework.context.annotation.Import;
import com.apress.probda.context.config.SearchContext;
import com.apress.probda.context.config.WebContext;
@Configuration
@ComponentScan
@EnableAutoConfiguration
@Import({ WebContext.class, SearchContext.class })
public class Application {
        public static void main(String[] args) {
                SpringApplication.run(Application.class, args);
        }
import org.apache.solr.client.solrj.SolrServer;
import org.apache.solr.client.solrj.impl.HttpSolrServer;
import org.springframework.beans.factory.annotation.Value;
import org.springframework.context.annotation.Bean;
import org.springframework.context.annotation.Configuration;
import org.springframework.data.solr.repository.config.EnableSolrRepositories;

@Configuration
@EnableSolrRepositories(basePackages =
{ "org.springframework.data.solr.showcase.product" },
    multicoreSupport = true)
public class SearchContext {

        @Bean
        public SolrServer solrServer(@Value("${solr.host}") String solrHost) {
                return new HttpSolrServer(solrHost);
        }
}
```

File: WebContext.java

```java
import java.util.List;
import org.springframework.context.annotation.Bean;
import org.springframework.context.annotation.Configuration;
import org.springframework.data.web.PageableHandlerMethodArgumentResolver;
import org.springframework.web.method.support.HandlerMethodArgumentResolver;
import org.springframework.web.servlet.config.annotation.ViewControllerRegistry;
import org.springframework.web.servlet.config.annotation.WebMvcConfigurerAdapter;

/**
 * @author kkoitzsch
 */
@Configuration
public class WebContext {
    @Bean
    public WebMvcConfigurerAdapter mvcViewConfigurer() {
        return new WebMvcConfigurerAdapter() {
            @Override
            public void addViewControllers(ViewControllerRegistry registry) {

                registry.addViewController("/").setViewName("search");
                registry.addViewController("/monitor").setViewName("monitor");
            }
            @Override
            public void addArgumentResolvers(List<HandlerMethodArgumentResolver>
               argumentResolvers) {
                    argumentResolvers.add(new
                        PageableHandlerMethodArgumentResolver());
            }
        };
    }
}
```

代码清单 6-5 使用 Solr 的 Spring Data 代码示例

```java
public static void main(String[] args) throws IOException {
     String text = "The World is a great place";
     Properties props = new Properties();
     props.setProperty("annotators", "tokenize, ssplit, pos, lemma, parse, sentiment");
     StanfordCoreNLP pipeline = new StanfordCoreNLP(props);

     Annotation annotation = pipeline.process(text);
     List<CoreMap> sentences = annotation.get(CoreAnnotations.SentencesAnnotation.
        class);
     for (CoreMap sentence : sentences) {
         String sentiment = sentence.get(SentimentCoreAnnotations. SentimentClass.
            class);
         System.out.println(sentiment + "\t" + sentence);
     }
  }
```

代码清单 6-6 使用 Elasticsearch(单元测试)的 Spring Data 代码示例

```java
package com.apress.probda.search.elasticsearch;
import com.apress.probda.search.elasticsearch .Application;
import com.apress.probda.search.elasticsearch .Post;
import com.apress.probda.search.elasticsearch.Tag;
import com.apress.probda.search.elasticsearch.PostService;
import org.junit.Before;
import org.junit.Test;
import org.junit.runner.RunWith;
import org.springframework.beans.factory.annotation.Autowired;
```

```java
import org.springframework.boot.test.SpringApplicationConfiguration;
import org.springframework.data.domain.Page;
import org.springframework.data.domain.PageRequest;
import org.springframework.data.elasticsearch.core.ElasticsearchTemplate;
import org.springframework.test.context.junit4.SpringJUnit4ClassRunner;
import java.util.Arrays;
import static org.hamcrest.CoreMatchers.notNullValue;
import static org.hamcrest.core.Is.is;
import static org.junit.Assert.assertThat;

@RunWith(SpringJUnit4ClassRunner.class)
@SpringApplicationConfiguration(classes = Application.class)
public class PostServiceImplTest{
    @Autowired
    private PostService postService;
    @Autowired
    private ElasticsearchTemplate elasticsearchTemplate;

    @Before
    public void before() {
        elasticsearchTemplate.deleteIndex(Post.class);
        elasticsearchTemplate.createIndex(Post.class);
        elasticsearchTemplate.putMapping(Post.class);
        elasticsearchTemplate.refresh(Post.class, true);
    }
    //@Test
    public void testSave() throws Exception {
        Tag tag = new Tag();
        tag.setId("1");
        tag.setName("tech");
        Tag tag2 = new Tag();
        tag2.setId("2");
        tag2.setName("elasticsearch");
        Post post = new Post();
        post.setId("1");
        post.setTitle("Bigining with spring boot application and elasticsearch");
        post.setTags(Arrays.asList(tag, tag2));
        postService.save(post);
        assertThat(post.getId(), notNullValue());
        Post post2 = new Post();
        post2.setId("1");
        post2.setTitle("Bigining with spring boot application");
        post2.setTags(Arrays.asList(tag));
        postService.save(post);
        assertThat(post2.getId(), notNullValue());
    }
    public void testFindOne() throws Exception {
    }

    public void testFindAll() throws Exception {
    }

    @Test
    public void testFindByTagsName() throws Exception {
      Tag tag = new Tag();
      tag.setId("1");
      tag.setName("tech");
      Tag tag2 = new Tag();
      tag2.setId("2");
      tag2.setName("elasticsearch");

      Post post = new Post();
```

```
    post.setId("1");
    post.setTitle("Bigining with spring boot application and elasticsearch");
    post.setTags(Arrays.asList(tag, tag2));
    postService.save(post);

    Post post2 = new Post();
    post2.setId("1");
    post2.setTitle("Bigining with spring boot application");
    post2.setTags(Arrays.asList(tag));
    postService.save(post);

    Page<Post> posts = postService.findByTagsName("tech", new PageRequest(0,10));
    Page<Post> posts2 = postService.findByTagsName("tech", new PageRequest(0,10));
    Page<Post> posts3 = postService.findByTagsName("maz", new PageRequest(0,10));

    assertThat(posts.getTotalElements(), is(1L));
    assertThat(posts2.getTotalElements(), is(1L));
    assertThat(posts3.getTotalElements(), is(0L));
    }
}
```

6.7 使用 LingPipe 和 GATE 实现定制搜索

本节将介绍两种有用的分析工具，它们可与 Lucene 和 Solr 一起使用，用于增强分布式分析应用中自然语言处理(Natural Language Processing，NLP)的分析能力。LingPipe(http://alias-i.com/lingpipe)与 GATE(General Architecture for Text Engineering，文本工程通用架构，https://gate.ac.uk)可用于强化分析系统的自然语言处理能力。一种典型的基于 NLP 的分析系统架构如图 6-22 所示。

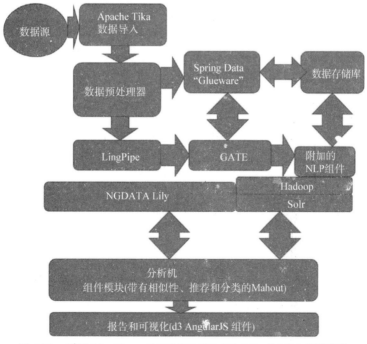

图 6-22　采用 LingPipe、GATE 和 NGDATA Lily 的 NLP 系统架构

第I部分 概念

可以采用任何其他的分布式数据管道系统设计并建立自然语言处理系统。唯一的差别是需要对特定数据属性和元数据本身进行调整。LingPipe、GATA、Vowpal Wabbit 和 Stanford NLP 可以处理、分析与"理解"文本，诸如 Emir/Caliph、ImageTerrier 和 HIPI 的程序包提供了分析和索引图像及信号数据的功能。你也可能希望添加程序包用于地理位置分析，例如 SpatialHadoop(http://spatialhadoop.cs.umn.edu)，我们将在第 14 章进行更详细的讨论。

各种输入格式(包括原始文本、XML、HTML 和 PDF 文档)都可以用 GATE 处理，也可以处理关系数据/基于 JDBC 的数据。包括从 Oracle、PostgreSQL 和其他数据库导入的数据。

可使用代码清单 6-7 实现 Apache Tika 导入组件。

代码清单 6-7　Apache Tika 导入例程，用于 PROBDA 系统

```java
Package com.apress.probda.io;

import java.io.*;
import java.nio.file.Paths;
import java.util.ArrayList;
import java.util.List;
import java.util.Map;
import java.util.Set;

import com.apress.probda.pc.AbstractProbdaKafkaProducer;
import org.apache.commons.lang3.StringUtils;
import org.apache.tika.exception.TikaException;
import org.apache.tika.io.TikaInputStream;
import org.apache.tika.metadata.Metadata;
import org.apache.tika.metadata.serialization.JsonMetadata;
import org.apache.tika.parser.ParseContext;
import org.apache.tika.parser.Parser;
import org.apache.tika.parser.isatab.ISArchiveParser;
import org.apache.tika.sax.ToHTMLContentHandler;
import org.dia.kafka.solr.consumer.SolrKafkaConsumer;
import org.json.simple.JSONArray;
import org.json.simple.JSONObject;
import org.json.simple.JSONValue;
import org.json.simple.parser.JSONParser;
import org.json.simple.parser.ParseException;
import org.xml.sax.ContentHandler;
import org.xml.sax.SAXException;

import static org.dia.kafka.Constants.*;

public class ISAToolsKafkaProducer extends AbstractKafkaProducer {

    /**
     * Tag for specifying things coming out of LABKEY
     */
    public final static String ISATOOLS_SOURCE_VAL = "ISATOOLS";
    /**
     * ISA files default prefix
     */
    private static final String DEFAULT_ISA_FILE_PREFIX = "s_";
    /**
```

```java
 * Json jsonParser to decode TIKA responses
 */
private static JSONParser jsonParser = new JSONParser();
;

/**
 * Constructor
 */
public ISAToolsKafkaProducer(String kafkaTopic, String kafkaUrl) {
    initializeKafkaProducer(kafkaTopic, kafkaUrl);
}

/**
 * @param args
 */
public static void main(String[] args) throws IOException {
    String isaToolsDir = null;
    long waitTime = DEFAULT_WAIT;
    String kafkaTopic = KAFKA_TOPIC;
    String kafkaUrl = KAFKA_URL;

    // TODO Implement commons-cli
    String usage = "java -jar ./target/isatools-producer.jar [--tikaRESTURL <url>] [--isaToolsDir <dir>] [--wait <secs>] [--kafka-topic <topic_name>] [--kafka-url]\n";

    for (int i = 0; i < args.length - 1; i++) {
        if (args[i].equals("--isaToolsDir")) {
            isaToolsDir = args[++i];
        } else if (args[i].equals("--kafka-topic")) {
            kafkaTopic = args[++i];
        } else if (args[i].equals("--kafka-url")) {
            kafkaUrl = args[++i];
        }
    }

    // Checking for required parameters
    if (StringUtils.isEmpty(isaToolsDir)) {
        System.err.format("[%s] A folder containing ISA files should be specified.\n",ISAToolsKafkaProducer.class.getSimpleName());
        System.err.println(usage);
        System.exit(0);
    }

    // get KafkaProducer
    final ISAToolsKafkaProducer isatProd = new ISAToolsKafkaProducer(kafkaTopic, kafkaUrl);
    DirWatcher dw = new DirWatcher(Paths.get(isaToolsDir));

    // adding shutdown hook for shutdown gracefully
    Runtime.getRuntime().addShutdownHook(new Thread(new Runnable() {
        public void run() {
            System.out.println();
            System.out.format("[%s] Exiting app.\n", isatProd.getClass().getSimpleName());
            isatProd.closeProducer();
        }
    }));
```

```
            // get initial ISATools files
            List<JSONObject> newISAUpdates = isatProd.initialFileLoad(isaToolsDir);
    // send new studies to kafka
        isatProd.sendISAToolsUpdates(newISAUpdates);
        dw.processEvents(isatProd);
}

/**
 * Checks for files inside a folder
 *
 * @param innerFolder
 * @return
 */
public static List<String> getFolderFiles(File innerFolder) {
    List<String> folderFiles = new ArrayList<String>();
    String[] innerFiles = innerFolder.list(new FilenameFilter() {
        public boolean accept(File dir, String name) {
            if (name.startsWith(DEFAULT_ISA_FILE_PREFIX)) {
                return true;
            }
            return false;
        }
    });

    for (String innerFile : innerFiles) {
        File tmpDir = new File(innerFolder.getAbsolutePath() + File.separator + innerFile);
        if (!tmpDir.isDirectory()) {
            folderFiles.add(tmpDir.getAbsolutePath());
        }
    }
    return folderFiles;
}

/**
 * Performs the parsing request to Tika
 *
 * @param files
 * @return a list of JSON objects.
 */
public static List<JSONObject> doTikaRequest(List<String> files) {
    List<JSONObject> jsonObjs = new ArrayList<JSONObject>();

    try {
        Parser parser = new ISArchiveParser();
        StringWriter strWriter = new StringWriter();

        for (String file : files) {
            JSONObject jsonObject = new JSONObject();

            // get metadata from tika
            InputStream stream = TikaInputStream.get(new File(file));
            ContentHandler handler = new ToHTMLContentHandler();
            Metadata metadata = new Metadata();
            ParseContext context = new ParseContext();
            parser.parse(stream, handler, metadata, context);

            // get json object
            jsonObject.put(SOURCE_TAG, ISATOOLS_SOURCE_VAL);
```

第 6 章　Hadoop、Lucene、Solr 与高级搜索技术

```java
                    JsonMetadata.toJson(metadata, strWriter);
                    jsonObject = adjustUnifiedSchema((JSONObject) jsonParser.parse(new
                            String(strWriter.toString())));
                    //TODO Tika parsed content is not used needed for now
                    //jsonObject.put(X_TIKA_CONTENT, handler.toString());
                    System.out.format("[%s] Tika message: %s \n", ISAToolsKafkaProducer.class.
                        getSimpleName(), jsonObject.toJSONString());

                    jsonObjs.add(jsonObject);

                    strWriter.getBuffer().setLength(0);
                }
                strWriter.flush();
                strWriter.close();

        } catch (IOException e) {
            e.printStackTrace();
        } catch (ParseException e) {
            e.printStackTrace();
        } catch (SAXException e) {
            e.printStackTrace();
        } catch (TikaException e) {
            e.printStackTrace();
        }
        return jsonObjs;
    }

    private static JSONObject adjustUnifiedSchema(JSONObject parse) {
        JSONObject jsonObject = new JSONObject();
        List invNames = new ArrayList<String>();
        List invMid = new ArrayList<String>();
        List invLastNames = new ArrayList<String>();

        Set<Map.Entry> set = parse.entrySet();
        for (Map.Entry entry : set) {
            String jsonKey = SolrKafkaConsumer.updateCommentPreffix(entry.getKey().
                toString());
            String solrKey = ISA_SOLR.get(jsonKey);
//          System.out.println("solrKey " + solrKey);
            if (solrKey != null) {
//              System.out.println("jsonKey: " + jsonKey + " -> solrKey: " + solrKey);
                if (jsonKey.equals("Study_Person_First_Name")) {
                    invNames.addAll(((JSONArray) JSONValue.parse(entry.getValue().
                        toString())));
                } else if (jsonKey.equals("Study_Person_Mid_Initials")) {
                    invMid.addAll(((JSONArray) JSONValue.parse(entry.getValue().
                        toString())));
                } else if (jsonKey.equals("Study_Person_Last_Name")) {
                    invLastNames.addAll(((JSONArray) JSONValue.parse(entry.getValue().
                        toString())));
                }
                jsonKey = solrKey;
            } else {
                jsonKey = jsonKey.replace(" ", "_");
            }
            jsonObject.put(jsonKey, entry.getValue());
        }
```

```java
            JSONArray jsonArray = new JSONArray();

            for (int cnt = 0; cnt < invLastNames.size(); cnt++) {
                StringBuilder sb = new StringBuilder();
                    if (!StringUtils.isEmpty(invNames.get(cnt).toString()))
                        sb.append(invNames.get(cnt)).append(" ");
                    if (!StringUtils.isEmpty(invMid.get(cnt).toString()))
                        sb.append(invMid.get(cnt)).append(" ");
                    if (!StringUtils.isEmpty(invLastNames.get(cnt).toString()))
                        sb.append(invLastNames.get(cnt));
                    jsonArray.add(sb.toString());
            }
            if (!jsonArray.isEmpty()) {
                jsonObject.put("Investigator", jsonArray.toJSONString());
            }
            return jsonObject;
    }

    /**
     * Send message from IsaTools to kafka
     *
     * @param newISAUpdates
     */
    void sendISAToolsUpdates(List<JSONObject> newISAUpdates) {
        for (JSONObject row : newISAUpdates) {
            row.put(SOURCE_TAG, ISATOOLS_SOURCE_VAL);
            this.sendKafka(row.toJSONString());
            System.out.format("[%s] New message posted to kafka.\n", this.getClass().
                getSimpleName());
        }
    }
    /**
     * Gets the application updates from a directory
     *
     * @param isaToolsTopDir
     * @return
     */
    private List<JSONObject> initialFileLoad(String isaToolsTopDir) {
        System.out.format("[%s] Checking in %s\n", this.getClass().getSimpleName(),
            isaToolsTopDir);
        List<JSONObject> jsonParsedResults = new ArrayList<JSONObject>();
        List<File> innerFolders = getInnerFolders(isaToolsTopDir);

        for (File innerFolder : innerFolders) {
            jsonParsedResults.addAll(doTikaRequest(getFolderFiles(innerFolder)));
        }
        return jsonParsedResults;
    }

    /**
     * Gets the inner folders inside a folder
     *
     * @param isaToolsTopDir
     * @return
     */
    private List<File> getInnerFolders(String isaToolsTopDir) {
        List<File> innerFolders = new ArrayList<File>();
```

```
        File topDir = new File(isaToolsTopDir);
        String[] innerFiles = topDir.list();
        for (String innerFile : innerFiles) {
            File tmpDir = new File(isaToolsTopDir + File.separator + innerFile);
            if (tmpDir.isDirectory()) {
                innerFolders.add(tmpDir);
            }
        }
        return innerFolders;
    }
}
```

安装并测试 LingPipe、GATE 和 Stanford Core NLP

(1) 首先在 http://alias-i.com/lingpipe/web/download.html 下载 LingPipe 发布 JAR 版本，安装 LingPipe。也可从 http://alias-i.com/lingpipe/web/models.html 下载自己感兴趣的模块。按照安装指南将模块放入正确目录中，以便 LingPipe 在需要做适当演示时能够获取相关模块。

(2) 从 Sheffield 大学网站(https://gate.ac.uk)下载 GATE，使用安装程序安装 GATE 组件。安装对话框非常方便，可以选择安装不同类别的组件，如图 6-23 所示。

(3) 在示例中，我们还将引入 StanfordNLP(http://stanfordnlp.github.io/CoreNLP/#human-languages-supported)库组件。开始使用 Stanford NLP，从上述链接下载 CoreNLP 压缩文件并解压文件。

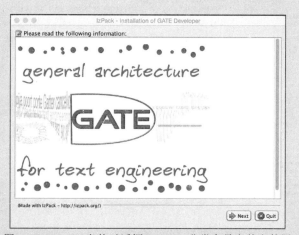

图 6-23　GQTE 安装对话框，GATE 非常容易安装和使用

确保将以下依赖包被添加到 pom.xml 文件中。

```xml
<dependency>
  <groupId>edu.stanford.nlp</groupId>
  <artifactId>stanford-corenlp</artifactId>
  <version>3.5.2</version>
  <classifier>models</classifier>
</dependency>
<dependency>
  <groupId>edu.stanford.nlp</groupId>
  <artifactId>stanford-corenlp</artifactId>
```

```xml
    <version>3.5.2</version>
</dependency>
<dependency>
    <groupId>edu.stanford.nlp</groupId>
    <artifactId>stanford-parser</artifactId>
    <version>3.5.2</version>
</dependency>
```

进入Stanford NLP"主目录"(pom.xml 文件定义的位置)执行：

```
mvn clean package
```

然后测试交互 NLP shell 确保行为正确。输入：

```
./corelp.sh
```

启动交互式 NLP shell。将一些示例文件输入 shell 中以检测分析器是否正常工作。其结果类似于图 6-24 所示的界面。

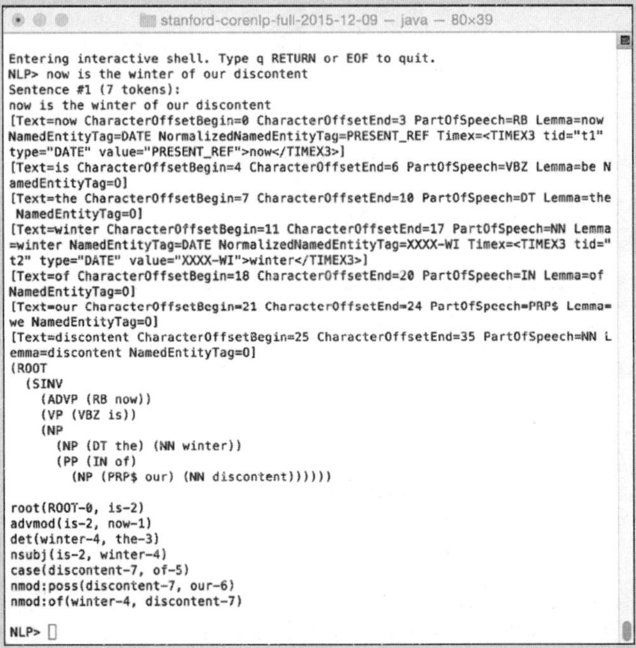

图 6-24　使用中的 StanfordNLP 交互式 shell

为通用搜索定义如代码清单 6-8 所示的接口。

代码清单 6-8　ProBDASearchEngine Java 接口存根

```java
public interface ProBDASearchEngine<T> {
<Q> List<T> search(final String field, final Q query, int maximumResultCount);
List<T> search(final String query, int maximumResultCount);
............}
```

针对 search()提出两种不同方法。其中一种专门用于字段和查询组合。查询采用 Lucene 查询的字符串格式，maximumResultCount 用于限制结果元素的数量以方便管理。

可按代码清单 6-8 所示来定义和实现 ProBDASearchEngine 接口。

在安装向导中连续点击。参考网站并安装提供的所有软件组件。

为在程序中使用 LingPipe 和 GATE，下面通过一个简单示例来了解用法，如代码清单 6-9 所示。请参考本章最后提供的参考文献，来了解 LingPipe 和 GATE 提供的更多功能。

代码清单 6-9　LingPipe|GATE|StanfordNLP Java 测试程序，导入

```java
package com.apress.probda.nlp;

import java.io.*;
import java.util.*;

import edu.stanford.nlp.io.*;
import edu.stanford.nlp.ling.*;
import edu.stanford.nlp.pipeline.*;
import edu.stanford.nlp.trees.*;
import edu.stanford.nlp.util.*;

public class ProbdaNLPDemo {
    public static void main(String[] args) throws IOException {
      PrintWriter out;
      if (args.length > 1) {
         out = new PrintWriter(args[1]);
      } else {
         out = new PrintWriter(System.out);
      }
      PrintWriter xmlOut = null;
      if (args.length > 2) {
         xmlOut = new PrintWriter(args[2]);
      }

    StanfordCoreNLP pipeline = new StanfordCoreNLP();
    Annotation annotation;
    if (args.length > 0) {
       annotation = new Annotation(IOUtils.slurpFileNoExceptions(args[0]));
    } else {
       annotation = new Annotation( "No reply from local Probda email site" );
    }

    pipeline.annotate(annotation);
    pipeline.prettyPrint(annotation, out);
    if (xmlOut != null) {
        pipeline.xmlPrint(annotation, xmlOut);
    }
    List<CoreMap> sentences = annotation.get(CoreAnnotations.SentencesAnnotation.class);
    if (sentences != null && sentences.size() > 0) {
      CoreMap sentence = sentences.get(0);
      Tree tree = sentence.get(TreeCoreAnnotations.TreeAnnotation.class);
      out.println();
      out.println("The first sentence parsed is:");
      tree.pennPrint(out);
      }
   }

}
```

6.8 本章小结

本章对 Apache Lucene 和 Solr 生态系统进行概述。有趣的是，尽管 Hadoop 和 Solr 最初一起构成 Lucene 生态环境的一部分，但目前它们已经分道扬镳，并进化为独立的框架。但这并不意味着 Solr 和 Hadoop 生态系统不能在一起有效工作。大多数 Apache 组件，例如 Mahout、LingPipe、GATE 和 Stanford NLP 均可与 Lucene 和 Solr 进行无缝集成。新技术不断涌现并添加到 Solr 中，例如 SolrCloud 等，使得我们可以非常方便地使用 RESTful API 作为 Lucene/Solr 技术的接口。

我们列举了一个完整的使用 Solr 及其生态环境的示例：从下载、安装、配置、数据集输入到数据转换，再到输出不同类型格式的结果。非常明确的是，Apache Tika 和 Spring Data 对数据管道的"联接"非常有效。

我们并未忽略与 Lucene/Solr 技术栈处于竞争关系的技术。本章讨论了 Elasticsearch，这是一种可用于替代 Lucene/Solr 的技术，并阐述了使用 Elasticsearch 的优缺点。Elasticsearch 最有趣的部分是其连贯的数据可视化能力，正如我们在探索萨克拉门托犯罪统计中所展示的那样。

第 7 章将讨论几种对构建分布式分析系统特别有用的分析技术和算法，并在已学内容的基础上建立这些技术和方法。

6.9 参考文献

1. Awad, Mariette and Khanna, Rahul. *Efficient Learning Machines*. New York: Apress Open Publications, 2015.

2. Babenko, Dmitry and Marmanis, Haralambos. *Algorithms of the Intelligent Web*. Shelter Island: Manning Publications, 2009.

3. Guller, Mohammed. *Big Data Analytics with Apache Spark*. New York: Apress Press, 2015.

4. Karambelkar, Hrishikesh. *Scaling Big Data with Hadoop and Solr*. Birmingham, UK: PACKT Publishing, 2013.

5. Konchady, Manu. *Building Search Applications: Lucene, LingPipe and GATE*. Oakton, VA : Mustru Publishing, 2008.

6. Mattmann, Chris A. and Zitting, Jukka I. *Tika in Action*. Shelter Island: Manning Publications, 2012.

7. Pollack, Mark, Gierke, Oliver, Risberg, Thomas, Brisbin, Jon, Hunger, Michael. *Spring Data: Modern Data Access for Enterprise Java*. Sebastopol, CA: O'Reilly Media, 2012.

8. Venner, Jason. *Pro Hadoop*. New York NY: Apress Press, 2009.

第Ⅱ部分　架构及算法

本书第Ⅱ部分讨论了标准架构、算法和技术,以使用 Hadoop 构建分析系统。还研究了基于规则的系统(用于控制、调度、系统编排)并展示基于规则的控制器如何成为 Hadoop 分析系统不可或缺的一部分。

第 7 章

分析技术及算法概览

本章主要讨论四类算法：统计、贝叶斯、本体驱动、混合算法。这四类算法均更多地利用了标准库中的基本算法，以便更加深入和准确地利用 Hadoop 开展分析工作。

7.1 算法类型综述

应用实践表明，Apache Mahout 和大多数其他主流的机器学习工具集为我们感兴趣的算法提供了广泛的算法支持。例如表 7-1 中由 Apache Mahout 支持的算法。

表 7-1 Apache Mahout 支持的算法

序号	算法名称	算法类型	描述
1	朴素贝叶斯	分类器	简单贝叶斯分类器：几乎所有的现代工具集都提供对该算法的支持
2	隐马尔科夫模型	分类器	通过对输出的分析来实现对系统状态的预测
3	(学习)随机森林	分类器	随机森林算法(有时也称为随机决策森林)是一种用于分类、回归和其他任务的集成学习方法，在训练期间构建决策树集合，输出分类类别的模式或单一决策树的平均预测(回归)结果
4	(学习)多层感知机(LMP)	分类器	Theano 和其他一些工具集也提供对该算法的支持
5	(学习)逻辑回归	分类器	Scikit-Learn 也能实现该算法。是一种真正的分类技术，而不是回归技术
6	随机梯度下降(SGD)	优化器、模型发现	一种目标函数最小化例程。H2O 和 Vowpal Wabbit 等也提供对该例程的支持
7	遗传算法(GA)	基因算法	根据维基百科的解释："在数学优化领域，遗传算法是一种启发式搜索算法，用于最小化自然选择的过程。这种启发式(也称为元-启发式)通常用于建立有用的解决方案，用于优化和搜索问题"
8	奇异值分解(SVD)	降维	用于降维的矩阵分解方法
9	协同过滤(CF)	推荐系统	主要用于一些推荐系统中
10	潜在狄里克拉分配(LDA)	主题建模器	一种强有力的算法，用于自动将词聚类为"主题"，并将文档按照不同主题进行聚类
11	空间聚类	聚类	
12	频繁模式挖掘	数据挖掘	
13	K 均值聚类	聚类	Mahout 可以采用普通和模糊 K 均值聚类方法
14	Canopy 聚类	聚类	K 均值聚类的预处理方法：两阶段系统

统计和数字算法是我们能够使用的最直接分布式算法。

统计技术包括标准统计计算的使用，如图 7-1 所示。

$$\mu = \frac{1}{n}\sum_{i=1}^{n} x_i \qquad \text{均值}$$

$$\sigma = \left[\frac{1}{n-1}\sum_{i=1}^{n}(x_i - \mu)^2\right]^{0.5} \qquad \text{标准差}$$

$$f(x) = \frac{1}{\sqrt{2\pi}\sigma} e^{-\frac{(x-\mu)^2}{2\sigma^2}} \qquad \text{正态分布}$$

图 7-1　统计方法通常会用到均值、标准差和正态分布等

贝叶斯技术是构建分类器、数据建模以及实现其他目标最有效的技术之一。

另一方面，本体驱动算法是一系列算法，该类算法基于逻辑、结构、层次建模、语法及其他技术，为建模、数据挖掘以及数据集推理提供基础。

混合算法合并一个或多个包含不同类别算法的模块，并将它们连接在一起构成组合件，用于提供比单一算法类型更加灵活和强大的数据管道。例如，神经元技术可与贝叶斯技术联合，形成机器学习技术用于建立"学习贝叶斯网络"，这是一种非常有趣的可以通过混合方法获得的协同示例。

7.2　统计/数值技术

示例系统中用到的统计类与支持方法可在 com.apress.probd.algorithms.statistics 子包中找到。

图 7-2 给出一个包含 Apache Storm 的简单分布式技术栈。

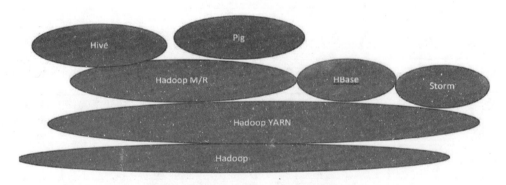

图 7-2　包含 Apache Storm 的分布式技术栈

图 7-3 给出以 Apache Spark 为中心的技术栈。图 7-4 给出的是以 Tachyon 为中心的技术栈。Tachyon 是一种支持容错的分布式内存文件系统。

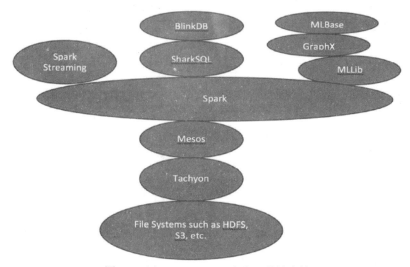

图 7-3　以 Apache Spark 为中心的技术栈

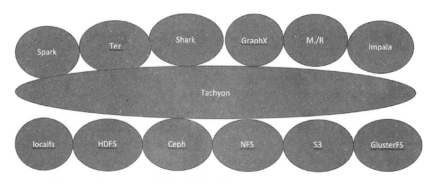

图 7-4　以 Tachyon 为中心的技术栈，包含一些与其相关的生态系统

7.3　贝叶斯技术

示例系统中采用的贝叶斯技术可以在包 com.prodbe.algorithms.bayes 中获得。当今最流行的库所支持的一些贝叶斯技术(朴素贝叶斯算法除外)如图 7-1 所示。朴素贝叶斯分类器基于图 7-5 给出的基本贝叶斯方程式。

图 7-5　基本贝叶斯方程式

该方程式包括四个主要的概率类型：后验概率、似然概率、分类先验概率和预测器先验概率。这些术语的相关解释请参考本章后续内容。

我们可直接采用 Mahout 文本分类器。首先，下载基本数据集以开展测试工作。

7.4 本体驱动算法

本体驱动组件和支持类可在 com.apress.probda.algorithms.ontoloty 子包中获得。

为包含 Potégé 核心组件，需要在项目的 pom.xml 文件中添加如下 Maven 依赖项：

```
<dependency>
        <groupId>edu.stanford.protege</groupId>
        <artifactId>protege-common</artifactId>
        <version>5.0.0-beta-24</version>
</dependency>
```

从网站注册并下载 Protégé：

`http://protege.stanford.edu/products.php#desktop-protégé`。

通过使用本体编辑器(如 Stanford Postege 系统)可对本体进行交互式定义，如图 7-6 所示。

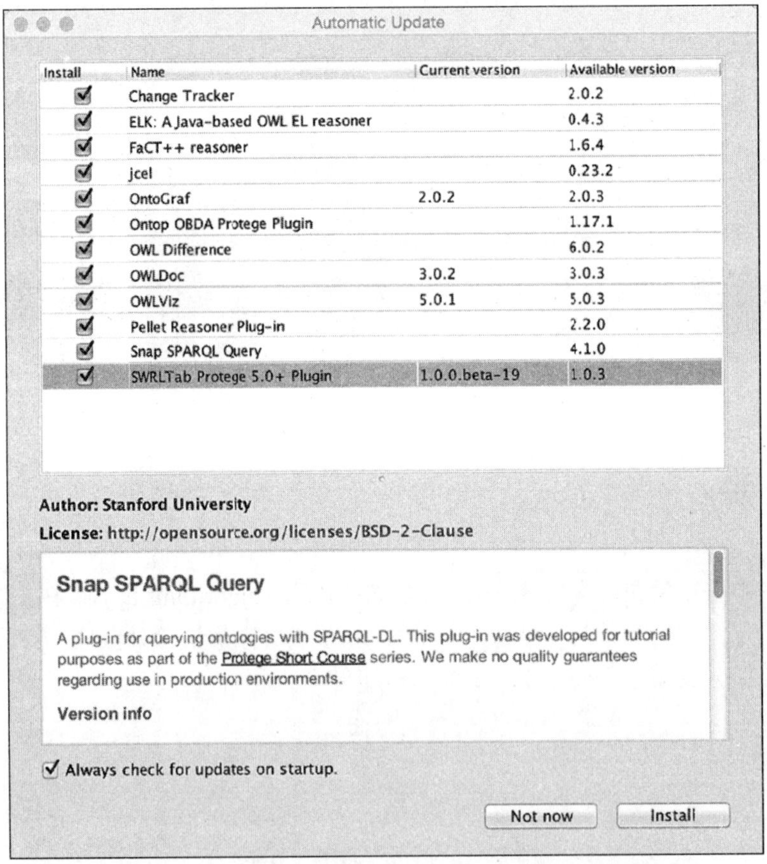

图 7-6 利用 Stanford 工具集交互式设置 SPARQL 功能

你可以安全地选择所有组件，或根据自己的需要选择。参考单独的在线文档页，分析所选的组件是否适合你的应用。图 7-7 显示利用本体编辑器定义本体、术语和语法。

图 7-7　利用本体编辑器定义本体、术语和语法

7.5　混合算法：组合算法类型

Probda 系统采用的混合算法可在 com.apress.probda.algorithms.hybrid 子包中获得。

我们可以混合并匹配不同算法类型，用于构建更好的数据管道。这些"混合系统"可能比较复杂——通常它们具有几种附加组件——可在需要时构建。

目前最有效的混合算法之一被称为"深度学习"组件。并不是所有的人都认为深度学习分类器是一种混合算法(大多数示例采用多层神经元网络技术)，但将深度分类器作为混合系统有非常充分的理由。参考如下讨论的内容。

众所周知的"深度学习"技术包括表 7-2 所示的内容。Deeplearning4j 和 TensorFlow 工具集是两种最流行且强大的深度学习库。可通过 https://www.tensorflow.org/versions/r0.10/get_stared/basic_usage.htmlautoenc 查看 TensorFlow。Theano 是一种基于 Python 的多维数组库。有关 Theano 使用的更多细节请参考 http://deeplearning.net/tutorial/dA.html。

表 7-2　深度学习技术

编号	算法名称	算法类型	工具集	描述
1	深度信念网络	神经元网络	Deeplearning4j, TensorFlow, Theano	多隐层，层间互联
2	(栈式，降噪)自动编码器(DA)	基本自动编码器变例	Deeplearning4j, TensorFlow, Theano	堆栈式自动编码器是一种包含多层稀疏自动编码器的结构，每层的输出作为后续层的输入。降噪自动编码器可以接收部分不正确的输入并加以修正

(续表)

编号	算法名称	算法类型	工具集	描述
3	卷积神经网络(CNN)	神经元网络、多层自动感知机变例	Deeplearning4j, TensorFlow, Theano	卷积神经网络的两大特征是稀疏连接和权值共享
4	长短期记忆网络单元(LSTM)	递归神经元网络、分类器、预测器	Deeplearning4j, TensorFlow,	分类及时间序列预测,甚至包括情感分析
5	递归神经网络	神经元网络	Deeplearning4j, TensorFlow	分类及时间序列预测
6	计算图	复杂网络结构构建器	Deeplearning4j, TensorFlow	采用图方式表示计算

7.6 代码示例

本节将讨论前面各节中一些算法类型的扩展示例。

为进行算法比较,这里使用电影数据集来评估前面讨论的一些算法和工具集。

```java
package com.apress.probda.datareader.csv;

import java.io.BufferedReader;
import java.io.BufferedWriter;
import java.io.File;
import java.io.FileNotFoundException;
import java.io.FileOutputStream;
import java.io.FileReader;
import java.io.IOException;
import java.io.OutputStreamWriter;
public class FileTransducer {

    /**
     * This routine splits a line which is delimited into fields by the vertical
     * bar symbol '|'
     *
     * @param l
     * @return
     */
    public static String makeComponentsList(String l) {
        String[] genres = l.split("\\|");
        StringBuffer sb = new StringBuffer();
        for (String g : genres) {
            sb.append("\"" + g + "\",");
        }
        String answer = sb.toString();
        return answer.substring(0, answer.length() - 1);
    }

    /**
     * The main routine processes the standard movie data files so that mahout
     * can use them.
     *
     * @param args
     */
```

第 7 章 分析技术及算法概览

```java
        public static void main(String[] args) {
if (args.length < 4){
System.out.println("Usage: <movie data input><movie output file><ratings input file><ratings output file>");
                System.exit(-1);
            }
            File file = new File(args[0]);
            if (!file.exists()) {
                System.out.println("File: " + file + " did not exist, exiting...");
                System.exit(-1);
            }
            System.out.println("Processing file: " + file);
            BufferedWriter bw = null;
            FileOutputStream fos = null;
            String line;
            try (BufferedReader br = new BufferedReader(new FileReader(file))) {
                int i = 1;
                File fout = new File(args[1]);
                fos = new FileOutputStream(fout);
                bw = new BufferedWriter(new OutputStreamWriter(fos));
                while ((line = br.readLine()) != null) {
                    String[] components = line.split("::");
                    String number = components[0].trim();
                    String[] titleDate = components[1].split("\\(");
                    String title = titleDate[0].trim();
                    String date = titleDate[1].replace(")", "").trim();
                    String genreList = makeComponentsList(components[2]);
                    String outLine = "{ \"create\" : { \"_index\" : \"bigmovie\", \"_type\" : \"film\", \"_id\" : \"" + i
                            + "\" } }\n" + "{ \"id\": \"" + i + "\",
 \"title\" : \"" + title + "\", \"year\":\"" + date
                            + "\", \"genre\":[" + genreList + "] }";
                    i++;
                    bw.write(outLine);
                    bw.newLine();
                }
            } catch (IOException e) {
                // TODO Auto-generated catch block
                e.printStackTrace();
            } finally {
                if (bw != null) {
                    try {
                        bw.close();
                    } catch (IOException e) {
                        // TODO Auto-generated catch block
                        e.printStackTrace();
                    }
                }
            }
            file = new File(args[2]);
            try (BufferedReader br2 = new BufferedReader(new FileReader(file))) {
                File fileout = new File(args[3]);
                fos = new FileOutputStream(fileout);
                bw = new BufferedWriter(new OutputStreamWriter(fos));
                while ((line = br2.readLine()) != null) {
```

```
                        String lineout = line.replace("::", "\t");
                        bw.write(lineout);
                    }
            } catch (IOException e) {
                // TODO Auto-generated catch block
                e.printStackTrace();
            } finally {
                if (bw != null) {
                    try {
                            bw.close();
                    } catch (IOException e) {
                            // TODO Auto-generated catch block
                            e.printStackTrace();
                    }
                }
            }
        }
    }
}
```

通过命令行执行如下 curl 命令，将数据集导入 Elasticsearch 中。图 7-8 显示了一个示例。

```
curl -s -XPOST localhost:9200/_bulk --data-binary @index.json; echo
```

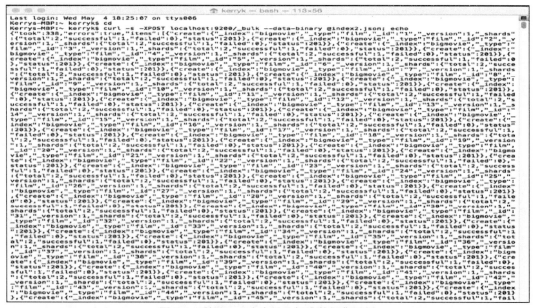

图 7-8　利用 curl 命令导入标准数据集示例

通过在命令行使用 curl 命令，可将数据集导入 Elasticsearch 中。图 7-8 给出了执行该命令的结果。Elasticsearch 服务器返回 JSON 数据结构，显示在控制台上，同时也被索引到 Elasticsearch 系统中。

可通过图 7-9 看到使用 Kibana 作为报表工具的简单示例。顺便提一句，在本书后续内容中，将经常遇到 Kibana 和 ELK 栈(Elasticsearch-Logstash-Kibana)。尽管可以采用其他工具替代 ELK 栈，但从第三方提供的构建模块来构建数据分析系统非常困难。

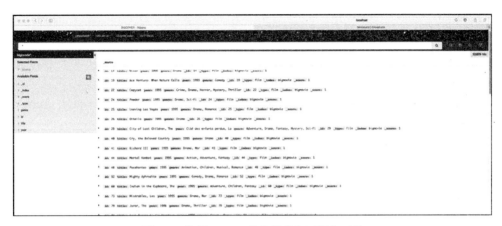

图 7-9　使用 Kibana 作为报表和可视化工具

7.7　本章小结

本章讨论了分析技术和算法以及一些算法有效性评估指标。我们讨论了一些比较古老的算法类型：统计和数值分析函数。目前，组合或混合算法作为应用于机器学习、统计和其他领域的技术已经变得非常重要。在这些领域中采用合作方式非常有效，如本章中所述。要了解分布式算法的情况，请参考 Barbosa(1996)。

多数算法类都非常复杂。本章较全面地介绍其中一些，例如贝叶斯技术。若想要了解贝叶斯技术的详细解释和有关概率技术的一般情况，请参考 Zadeh(1992)。

第 8 章将讨论基于规则的系统、可用的规则引擎(例如 JBoss Drools)，还将讨论利用基于规则的系统来收集智能数据的一些应用，介绍基于规则的分析以及数据管道控制调度和协调等。

7.8　参考文献

1. Barbosa, Valmir C. *An Introduction to Distributed Algorithms*. Cambridge, MA: MIT Press, 1996.

2. Bolstad, William M. *Introduction to Bayesian Statistics*. New York: Wiley Inter-Science, Wiley and Sons, 2004.

3. Giacomelli, Pico. *Apache Mahout Cookbook*. Birmingham, UK: PACKT Publishing, 2013.

4. Gupta, Ashish. *Learning Apache Mahout Classification*. Birmingham, UK: PACKT Publishing, 2015.

5. Marmanis, Haralambos and Babenko, Dmitry. *Algorithms of the Intelligent Web*. Greenwich, CT:Manning Publications, 2009.

6. Nakhaeizadeh, G. and Taylor, C.C. (eds). *Machine Learning and Statistics: The Interface*. New York: John Wiley and Sons, Inc., 1997.

7. Parsons, Simon. *Qualitative Methods for Reasoning Under Uncertainty*. Cambridge. MA: MIT Press, 2001.

8. Pearl, Judea. *Probabilistic Reasoning in Intelligent Systems: Networks of Plausible Inference*. San Mateo, CA: Morgan-Kaufmann Publishers, Inc., 1988.

9. Zadeh, Lofti A., and Kacprzyk, (eds). *Fuzzy Logic for the Management of Uncertainty*. New York: John Wiley & Sons, Inc., 1992.

第 8 章

规则引擎、系统控制与系统编排

本章将描述 JBoss Drools 规则引擎以及如何应用它来控制和协调 Hadoop 分析管道。将描述一种基于规则的控制器示例，在 Hadoop 生态系统中可用于融合各种数据类型和应用。

> **注意**
> 应用 JBoss Drools 系统，大多数配置可通过 Maven 依赖项完成。在第 3 章讨论 JBoss Drools 初始化设置时，已经给出了合适的依赖项。有关有效使用 JBoss Drools 的所有依赖项都包含在 PROBDA 示例系统中，可以通过代码下载网站获取。

8.1 规则系统 JBoss Drools 介绍

本章的所有示例都采用了 JBoss Drools(www.dools.org)。当然，规则引擎还可以选择其他框架。有许多可以免费使用的规则引擎框架，但 Drools 是一种功能强大的系统，可以快速定义不同类别的控制和结构系统。JBoss Drools 的另一个优点是，关于 Drools 系统(docs.jboss.org)，有大量的在线和打印文档、编程方法、优化细节，以及基于规则技术的解释说明等。本章最后列举了一些有关 Drools 的参考书籍。这些书籍详细介绍基于规则的控制系统、规则机制、规则编辑以及其他重要细节。

本章将概述一项针对特定应用的基于规则的技术：定义了复杂事件处理器(Complex Event Processor，CEP)示例。

CEP 是一种非常有用的数据管道主题变例，可用于一些实际系统中，如信用卡欺诈检测以及复杂的工厂控制系统。

在规则系统中，一般存在两类数据结构。一类是"规则"，当然为规则系统提供"如果-则-否则"条件判断功能(然而，后面将学习该类规则，称为"前向链"规则，这种规则范式并非是唯一的，还有"后向链"规则，见稍后的讨论)。用到的另一种数据结构是"事实"，事实是独立的"数据项"。它们被保存在"工作内存库"中。请参阅图 8-1 了解这些数据结构在 Drools 系统中的工作方式。

图 8-1　从 Drools Web 页下载 Drools 软件

注意

本书使用最新发布的 JBoss Drools 版本，在撰写本书时，最新版本为 6.4.0。如果你希望采用 JBoss Drools 的更新版本，请在 PROBDA 项目的 pom.xml 文件中更新 drools.system.version。

首先安装 JBoss Drools 并测试一些基本功能。安装过程比较直接。通过点击下载按钮，从 JBoss Drools 主页下载当前版本，如图 8-1 所示。

进入安装目录并运行示例/run -example.sh。你将看到一个与图 8-2 类似的选择菜单。运行一些输出示例来测试 Drools 系统并观察控制终端的输出结果，应当出现类似图 8-3 所示的结果。也可以分析图形用户界面示例，如图 8-4 所示。

图 8-2　选择 Drools 示例并观察结果，测试 Drools 系统

内置的 Drools 示例包含一个菜单，从中我们可以选择不同的测试用例，如图 8-2 所示。这种方式便于测试整个系统设置和理解 JBoss Drools 系统的能力。

一些 JBoss Drools 示例组件可从相关的 UI 获得，如图 8-3 所示。

图 8-3　面向 JBoss Drools GUI 的示例

基本的 JBoss Drools 规则系统结构如图 8-4 所示。

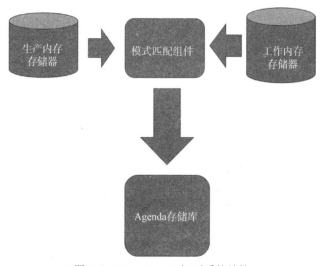

图 8-4　JBoss Drools 规则系统结构

> **注意**
> 该系统的所有示例代码可在示例系统代码库中获得，具体 Java 包为 com.apress.prbda.rulesysem。请查阅相关的 Readme 文件和文档获取其他的安装、版本和使用细节。

本系统中针对带时间戳的 Probda 事件的接口非常简单：

```
package com.probda.rulesystem.cep.model;

import java.util.Date;

public interface IEvent extends Fact {
    public abstract Date getTimestamp();
}
```

我们将通过一个示例说明如何将规则系统添加到评估系统中。为 Drools 规则系统(可通过 Google "drools maven dependencies" 获得最新版 Drools)简单地添加适当的依赖项。完整的 pom.xml 文件如代码清单 3-2 所示(建立在最初文件的基础上)。第 8 章的完整分析引擎示例会利用 JBoss Drools 功能。请注意，我们提供的依赖项用于连接 Drools 系统与 Apache Camel 以及 Drools 的 Spring 框架。

8.2 基于规则的软件系统控制

基于规则的软件系统控制可采用类似 Oozie 的调度组件以及 JBoss Drools 或其他规则框架中的适当功能来构建，图 8-5 给出了示例架构。

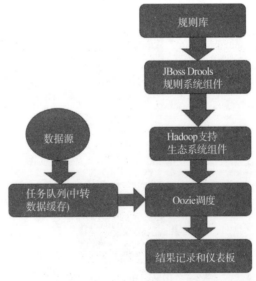

图 8-5　采用 JBoss Drools 作为控制器的基于规则的软件系统控制架构

8.3 系统协调与 JBoss Drools

本节将参考一个简单示例，讨论如何采用 JBoss Drools 作为控制器来完成系统协调任务。我们将使用 Activiti 开源项目(http://activit.org)，并给出一些示例，演示如何整合工作流协调器/控制器与基于 Spring 框架的项目。

```
git clone https://github.com/Activiti/Activiti.git
export ACTIVITI_HOME=/Users/kkoitzsch/activiti
            cd $ACTIVITI_HOME
mvn clean install
```

不要忘记通过以下命令生成一个文档：

```
            cd $ACTIVITI_HOME/userguide
            mvn install
```

确保已经安装 Tomcat。针对 Mac 平台，使用命令 brew 安装 Tomcat：

```
brew install tomcat
```

Tomcat 将安装在/usr/local/Cellar/tomcat/8.5.3 中。

图 8-6 展示了 Activiti 建立后从 Maven 反应堆获得的反馈信息。

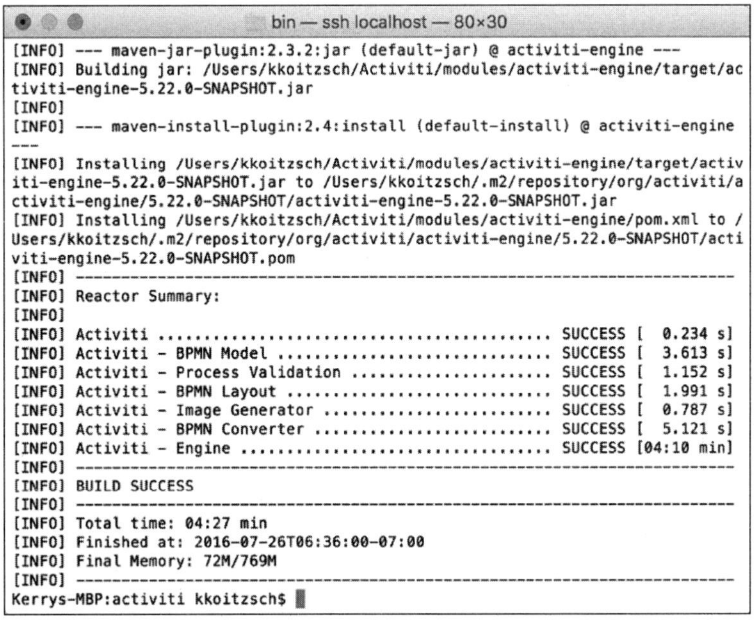

图 8-6 针对 Activiti 系统安装的 Maven 反应堆反馈

```
export TOMCAT_HOME=/usr/local/Cellar/tomcat/8.5.3
cd $ACTIVITI_HOME/scripts
```

然后运行 Activiti 脚本。

```
./start-rest-no-jrebel.sh
```

你将看到如图 8-7 所示的成功启动 Activiti 后的结果。

图 8-7　成功运行 Activiti 脚本后的显示界面

Activiti 程序成功运行后的屏幕如图 8-7 所示。

图 8-8 给出的是 Activiti Explorer 仪表板成功运行后的场景。

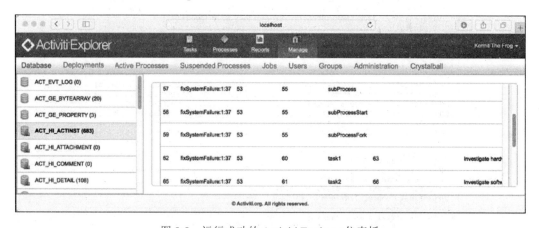

图 8-8　运行成功的 Activiti Explorer 仪表板

8.4　分析引擎示例与规则控制

本节将演示一个分析引擎与规则控制示例。如图 8-9、图 8-10、图 8-11 所示。

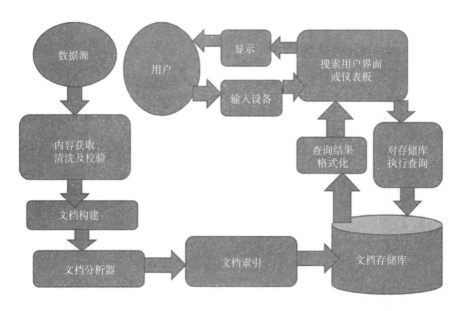

图 8-9　初始的面向 Lucene 的系统设计，包括用户交互与文档处理

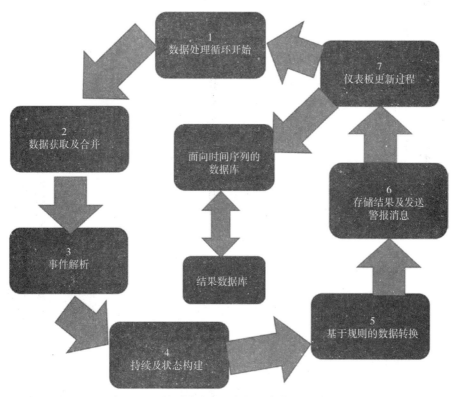

图 8-10　面向 Lucene 的系统设计，包括用户交互与文档处理，第 2 步

我们可使用 Splunk 系统完成数据获取工作。

可使用面向时间序列数据库作为中间结果数据仓库，例如 OpenTSDB(http://github.com/OpenTSDB/opensdb/releases)。

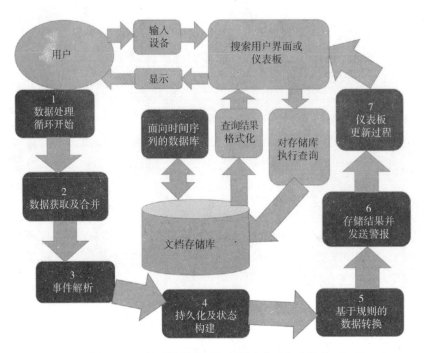

图 8-11 面向 Lucene 的系统设计，包括用户交互与文档处理，第 3 步

由 JBoss Drools 提供基于规则的转换方法。

文档库功能可由 Cassandra 数据库示例提供。图 8-12 显示集成的系统结构与生命周期。

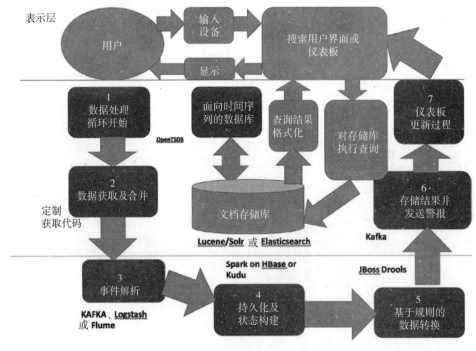

图 8-12 集成的系统结构与生命周期，包括采用的技术组件

> **注意**
> 并不需要完全采用图 8-12 给出的技术组件。你可以根据自己的需求，采用其他消息组件，例如用 RabbitMQ 替代 Apache Kafka，或者用 MongoDB 替代 Cassandra。

8.5 本章小结

本章讨论了使用基于规则的控制器以及其他分布式组件，特别是 Hadoop 和 Spark 生态系统组件。可以看到，基于规则的策略能为分布式数据分析添加一种重要的成分：使其具备以灵活且合理的方式组织和控制数据流的能力。调度和优先级是采用这些基于规则的技术后自然获得的结果，同时本章还列举了一些基于规则的调度器示例。

第 9 章将讨论使用一个集成分析组件应用各种技术的情况，并可以应用到不同的问题领域和用例中。

8.6 参考文献

1. Amador, Lucas. *Drools Developer Cookbook.* Birmingham, UK: PACKT Publishing, 2012.

2. Bali, Michal. *Drools JBoss Rules 5.0 Developers Guide.* Birmingham, UK: PACKT Publishing, 2009.

3. Browne, Paul. *JBoss Drools Business Rules.* Birmingham, UK: PACKT Publishing, 2009.

4. Norvig, Peter. *Paradigms of Artificial Intelligence: Case Studies in Common Lisp.* San Mateo, CA: Morgan-Kaufman Publishing, 1992.

第 9 章

综合提升：设计一个完整的分析系统

本章将描述一个完整的设计示例，示例中将用到目前为止讨论过的大多数组件。还将讨论系统开发项目的需求获取、总体规划、建立架构、开发、测试以及部署等阶段将用到的"最佳实践"。

> **注意**
> 本章利用了大量在本书其他部分讨论的软件组件，包括 Hadoop、Spark、Splunk、Mahout、Spring Data、Spring XD、Samza 及 Kafka。可以参考附录 A 获得这些组件的概览，确保涉及的组件可用，以保证能够完整实现示例。

建立一个完整的分布式分析系统没有想象中的那么难。我们已经对建立分析系统所涉及的大多数重要成分进行过讨论。一旦清楚你的数据源以及数据接收装置是什么，就会对将要使用的数据栈及"组合件"有一个清楚的认识，撰写业务逻辑和其他处理代码相对就比较容易。

图 9-1 显示一个简单的完整系统的架构。图中给出的大多数组件相对于你所采用的数据源、处理器、数据接收装置和仓库、输出模块等都留有一些回旋余地，包括比较熟悉的仪表板、报表、可视化以及其他一些在其他章节所见到的组件。本示例将为人熟知的导入工具 Splunk 作为输入源。

图 9-1 一个简单且完整的分析架构

在后续各节将描述如何设置 Splunk 并将其与示例系统中涉及的其他组件集成。

如何为示例系统安装 Splunk

Splunk 是一种日志管理工具框架，下载、安装和使用都非常容易。它包含一些在我们将给出的示例分析系统中非常有用的特性，包括内置的搜索工具。

为安装 Splunk，进入下载页，建立用户账户，为平台下载 Splunk 企业版。本章所用的示例均采用 MacOS 平台。

在选定的平台上安装 Splunk 企业版。针对 Mac 平台，如果安装成功，将看到如图 9-2 所示的应用目录。图 9-3 是 Splunk 企业版的登录页。

请参考 http://docs.splunk.com/Documentation/Splunk/6.4.2/SearchTutorial/StartSplunk 来了解有关如何启动 Splunk 的信息。请注意，如果启动正确，可通过 http://localhost:8000 端口获取 Splunk Web 接口。

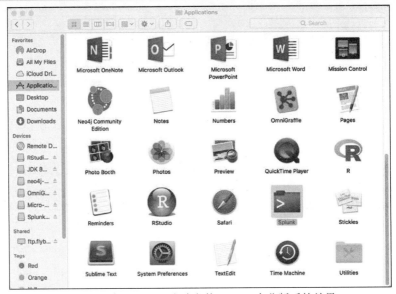

图 9-2　在 Mac OSX 成功安装 Splunk 企业版后的效果

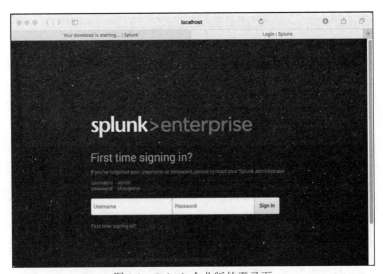

图 9-3　Splunk 企业版的登录页

当点击浏览器本地端口 8000 时，将首次看到 Splunk 登录页。使用默认用户名和口令登录，按照指令进行修改，确保用于连接的 Java 代码使用更新后的用户名(admin)和口令(changename)，如图 9-4 所示。

图 9-4　在初始化 Splunk 企业版设置时改变口令

从 github 下载非常有用的库 Splunk-library-javalogging：

```
git clone https://github.com/splunk/splunk-library-javalogging.git
cd splunk-library-javalogging
mvn clean install
```

在 Eclipse 集成开发环境中，导入已有的 Maven 项目，如图 9-5 所示。

图 9-5　导入一个已有的 Maven 以使用 Splunk-library-javalogging

图 9-6 给出了使用 Splunk-library-javalogging 导入已有 Maven 项目的对话框。

图 9-6　选择 Splunk-library-javalogging 用于导入

如图 9-7 所示，选择合适的 pom.xml 是在该步骤中必须要做的工作。

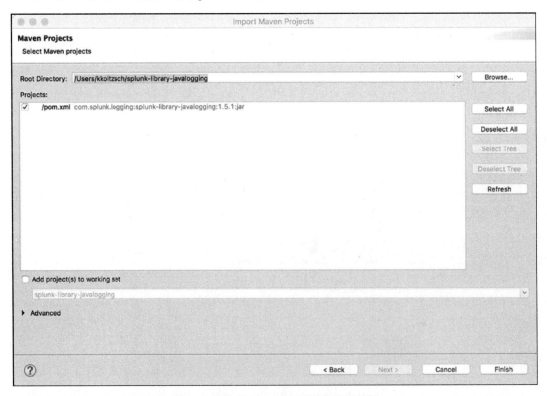

图 9-7　为构建 Maven 选择适合的根目录

如图 9-8 所示，在安装步骤中通常需要给出适当的用户名和口令值。

第 9 章　综合提升：设计一个完整的分析系统

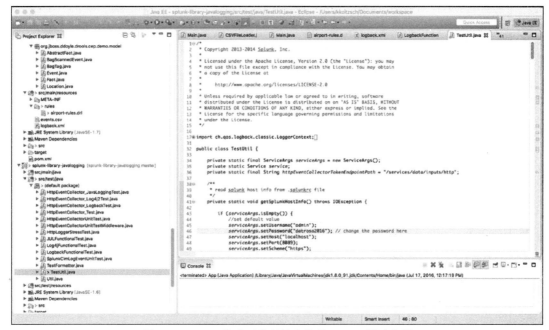

图 9-8　Eclipse 集成开发环境安装的 Splunk 测试代码

图 9-9 给出了为 Splunk 配置 HadoopConnect 组件的方法。

图 9-9　为 Splunk 配置 HadoopConnect

参考图 9-10 实现 Splunk 仪表板的文本搜索。我们也可以选择一个适当的时间戳间隔针对该数据集执行查询。

135

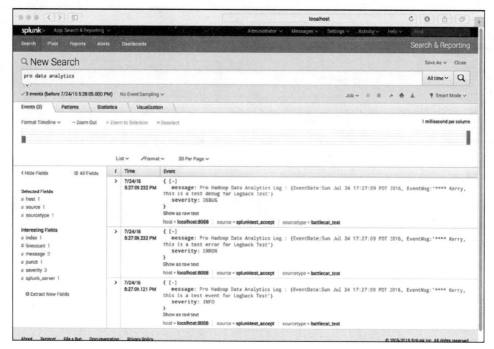

图 9-10　在 Splunk 仪表板中选择 Pro Data 分析事件

可视化是该集成过程的重要步骤之一。本章的参考文献给出了一些有关 D3 的资料，方便你了解可与数据管道中其他组件结合使用的技术。

9.1　本章小结

本章讨论如何建立一个完整的分析系统以及架构师和开发者可能会遇到的一些挑战。我们利用前面章节中讨论过的目前较常见的技术组件，完整地构建了一个分析管道。特别地，我们讨论了如何使用 Splunk 作为数据输入源的方法。对于各种不同类型的通用日志事件来说，Splunk 是一种非常通用且灵活的工具。

9.2　参考文献

1. Mock, Derek, Johnson, Paul R., Diakun, Josh. *Splunk Operational Intelligence Cookbook*. Birmingham, UK: PACKT Publishing, 2014.

2. Zhu, Nick Qi. *Data Visualization with d3.js Cookbook*. Birmingham, UK: PACKT Publishing, 2014.

第Ⅲ部分　组件与系统

本书第Ⅲ部分描述了能够帮助我们构建分布式分析系统的组件及相关的库。所包含的组件基于不同的编程语言、架构和数据模型。

第 10 章

数据可视化：可视化与交互分析

本章将讨论如何对分析结果进行可视化。该过程实际上是或者可能是一个相当复杂的过程。这是一个选择适当技术堆栈对应用程序实现可视化的问题。分析类应用程序中可视化任务的范围包括创建简单的报表乃至完整的交互式系统。本章主要讨论 Angular JS 及其生态系统，包括 ElasticUI 可视化工具 Kibana 以及其他用于图形、图表和表格的可视化组件，也包括一些基于 JavaScript 的工具，如 D3.js 和 sigma.js。

10.1 简单的可视化

最简单的可视化架构之一如图 10-1 所示。前端控制界面可能基于网络，也可能是一个独立的应用程序。控制界面可以基于单个网页，也可以基于进一步开发的内置或多网页组件。前端的"组合件"可能包含可视化框架，如 Angular JS，后续章节中将对此进行详细讨论。在后端，诸如 Spring XD 之类的组合件可使连接可视化工具变得更加简单。

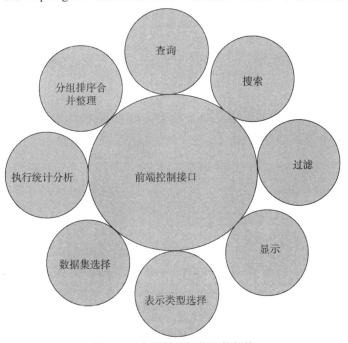

图 10-1　典型的可视化组件架构

下面简单介绍图 10-1 中的各个组件。每个圆圈代表使用分析软件组件时典型用例的不同方面。可以将每个圆圈看成我们试图解决的子问题。例如，分组、排序、合并和校对可由标准的表格结构进行处理，如图 10-2 所示。大部分排序和分组问题可通过内置的表格功能解决，例如单击列对行进行排序或对项进行分组。

提供有效的显示功能可能简单到仅选择适当的表格组件用于面向行的数据。表格组件的一个典型示例如图 10-2 所示，提供了数据导入、排序、分页和简单的编程功能。该组件可从链接 https://github.com/wenzhixin/bootstrap-table 获得。这里显示的控件利用帮助库 Bootstrap.js(http://getbootstrap.com/javascript/)来提供高级功能。能将 JSON 数据集导入可视化组件是实现与其他 UI 和后端组件无缝集成的关键功能。

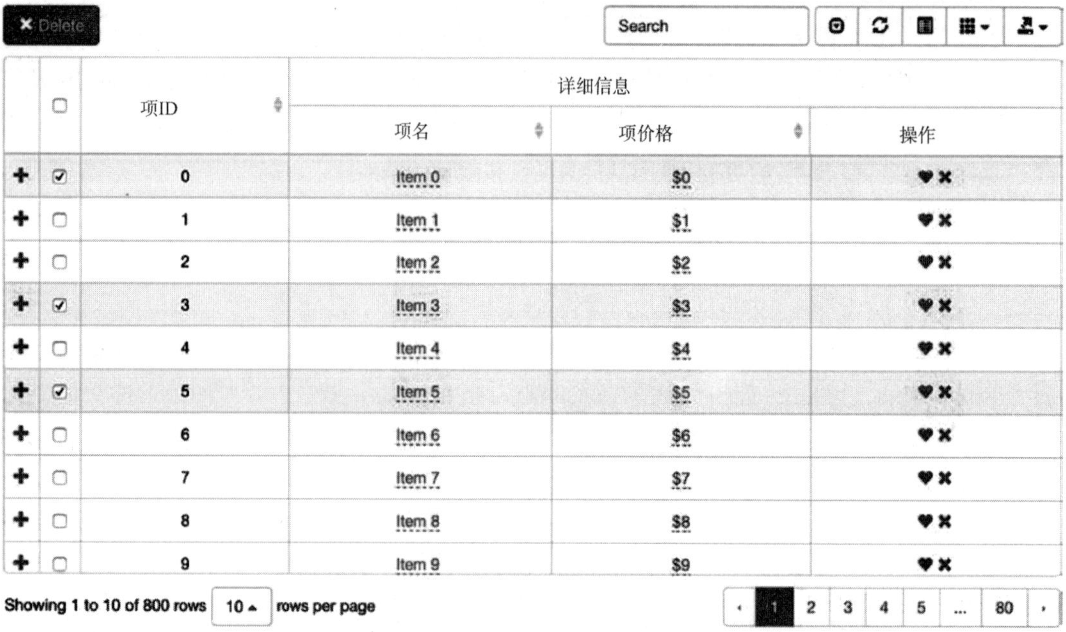

图 10-2　一个表格控件可以解决多个可视化问题

图 10-1 中出现的许多问题可通过嵌入到网页中的前端控件加以控制。例如，我们所熟悉的 Google-风格的文本搜索机制，其中仅包含一个文本字段和一个按钮。我们可以使用 d3 实现一个简单的可视化工具，对 Facebook Tweet 进行简单分析，由此来简单介绍数据可视化。如图 10-2 和图 10-3 所示，我们可以控制显示内容以及显示方式：可以看到来自 Spring XD 数据流的样本数据集的饼状图、条形图和气泡图。

图 10-1 中的大部分关注点(数据集选择、表示类型选择和其他)在图 10-3 和图 10-4 进行了展示。使用标准控件(如下拉框)来选择数据集和表示类型。显示类型包括图形和图表类型、二维和三维显示、报表格式以及其他显示类型。Apache POI(https://poi.apache.org)等组件可用于编写报表文件(采用 Microsoft 格式，与 Excel 表兼容)。

第 10 章　数据可视化：可视化与交互分析

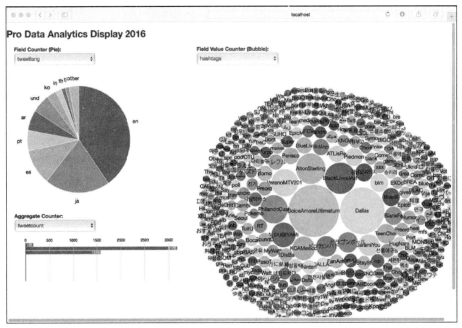

图 10-3　简单的数据可视化示例：使用 Spring XD 的 Twitter Tweet 展示热门话题和语言

随着新的 Twitter 数据通过 Spring XD 数据流导入，图中的显示会随之动态更新。图 10-3 展示了略有不同的 Twitter 数据可视化，可以看到一些社交圈的规模越来越大，这代表 Twitter 数据趋势。

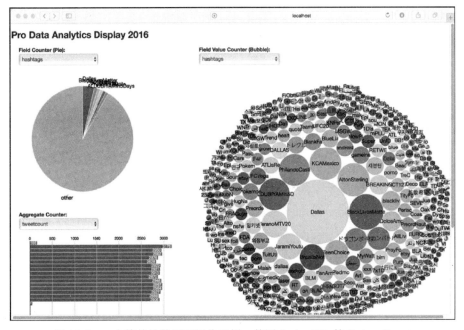

图 10-4　一个简单的数据可视化示例：使用 Spring XD 的 Twitter Tweet

接下来将讨论 Spring XD，因为它作为组合件在构建可视化程序时极其有用，如图 10-5、图 10-6 和图 10-7 所示。

设置 Spring XD 组件

设置 Spring XD 组件，像所有 Spring 框架组件一样，基本上都很简单。安装 Spring XD 后，以 singlenode 模式启动 Spring XD：

```
bin/xd-singlenode
cd bin
```

使用以下命令运行 XD shell：

```
./xd-shell
```

通过以下命令新建流：

```
stream create tweets --definition "twitterstream | log"

stream create tweetlang --definition "tap:stream:tweets > field-value-counter --fieldName=lang" --deploy

stream create tweetcount --definition "tap:stream:tweets > aggregate-counter" --deploy

stream create tagcount --definition "tap:stream:tweets > field-value-counter --fieldName=entities.hashtags.text --name=hashtags" --deploy
stream deploy tweets
```

图 10-5 "Twitter➤Spring XD➤可视化"架构图

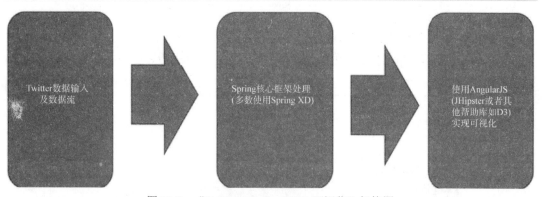

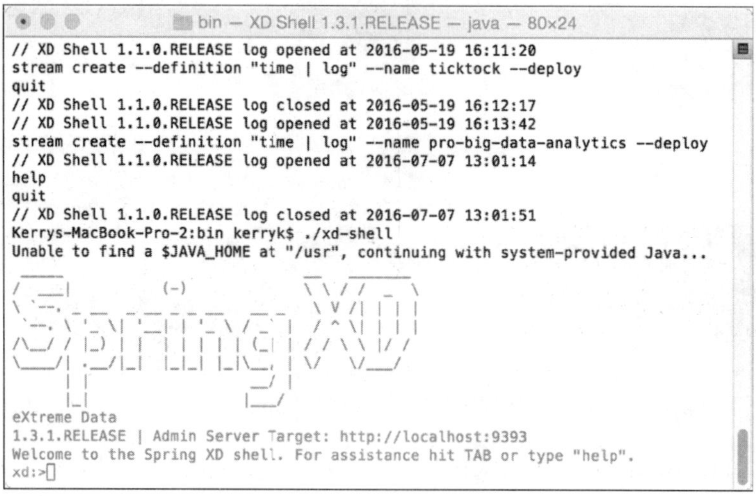

图 10-6 成功启动 Spring XD shell

图 10-7　使用 Spring XD 实现 Twitter Tweet 流，然后配置流

下一节将针对一个特别有用的工具包 Angular JS 列举一些综合性示例。

10.2　Angular JS 和 Friends 简介

Angular JS(https://angularjs.org)是一个基于 JavaScript 的工具包，在数据可视化库方面是一个强有力的竞争者。它有一个简单的模型视图控制器(Model-View-Controller，MVC)架构，完成了流线型设计和实现过程。

顺便说一下，一些 Angular JS 组件，如 Elastic UI(elasticui.com)可以直接拿出来与弹性搜索引擎一起使用。带有 Kibana 的 Elastic 是添加可视化组件的一种快速的、顺利的方式。

本章其余部分将重点讨论如何使用 Angular JS 和其他一些可视化工具包建立一些示例，包括一个非常有趣的新工具 JHipster。

10.3　使用 JHipster 集成 Spring XD 和 Angular JS

JHipster(https://jhipster.github.io)是一个开源的 Yeoman()生成器，旨在创建集成 Spring Boot 和 Angular JS 的组件。它能以无缝方式从 Spring Framework 生态系统的其他部分集成额外的组件。例如，可使用基于 Spring 数据 Hadoop 的组件来构建具有概要显示功能的数据管道，此概要被显示在 AngularJS 前端。

我们将建立一个简单的 JHipster 小型项目来展示它的工作原理。图 10-8 显示成功建立的项目。

图 10-8　成功建立 probda-hipster 项目

建立 Angular JS 示例系统

建立 Angular JS 示例系统比较直接，创建过程描述如下。

构建 Angular JS 示例系统的第一步：使用命令行创建原型项目。进入你要构建的主目录，然后执行以下命令。

```
mvn archetype:generate -DgroupId=nl.ivonet -DartifactId=java-angularjs-seed
-DarchetypeArtifactId=maven-archetype-webapp -DinteractiveMode=false
```

下面将创建列出的目录和文件。进入相应路径，确保它们确实位于相应位置。

```
./pom.xml
./src
./src/main
./src/main/resources
./src/main/webapp
./src/main/webapp/index.jsp
./src/main/webapp/WEB-INF
./src/main/webapp/WEB-INF/web.xml
```

构建新文件和目录以配置项目。

```
mkdir -p src/main/java
mkdir -p src/test/java
mkdir -p src/test/javascript/unit
mkdir -p src/test/javascript/e2e
mkdir -p src/test/resources
rm -f ./src/main/webapp/WEB-INF/web.xml
rm -f ./src/main/webapp/index.jsp
mkdir -p ./src/main/webapp/css
touch ./src/main/webapp/css/specific.css
mkdir -p ./src/main/webapp/js
touch ./src/main/webapp/js/app.js
```

```
touch ./src/main/webapp/js/controllers.js
touch ./src/main/webapp/js/routes.js
touch ./src/main/webapp/js/services.js
touch ./src/main/webapp/js/filters.js
touch ./src/main/webapp/js/services.js
mkdir -p ./src/main/webapp/vendor
mkdir -p ./src/main/webapp/partials
mkdir -p ./src/main/webapp/img
touch README.md
touch .bowerrc
```

运行 npm 初始化来交互式构建项目。npm init 将提供分步问答的方法供创建该项目。

```
npm init

This utility will walk you through creating a package.json file.
It only covers the most common items, and tries to guess sane defaults.

See 'npm help json' for definitive documentation on these fields
and exactly what they do.

Use 'npm install --save' afterwards to install a package and
save it as a dependency in the package.json file.

Press ^C at any time to quit.
name: (java-angularjs-seed)
version: (0.0.0)
description: A starter project for AngularJS combined with java and maven
entry point: (index.js)
test command: karma start test/resources/karma.conf.js
git repository: https://github.com/ivonet/java-angular-seed
keywords:
author: Ivo Woltring
license: (ISC) Apache 2.0
About to write to /Users/ivonet/dev/ordina/LabTime/java-angularjs-seed/package.json:

{
  "name": "java-angularjs-seed",
  "version": "0.0.0",
  "description": "A starter project for AngularJS combined with java and maven",
  "main": "index.js",
  "scripts": {
    "test": "karma start test/resources/karma.conf.js"
  },
  "repository": {
    "type": "git",
    "url": "https://github.com/ivonet/java-angular-seed"
  },
  "author": "Ivo Woltring",
  "license": "Apache 2.0",
  "bugs": {
    "url": "https://github.com/ivonet/java-angular-seed/issues"
  },
  "homepage": "https://github.com/ivonet/java-angular-seed"
}

Is this ok? (yes)
```

现在添加以下内容，相关图形如图 10-9、图 10-10、图 10-11 所示。

```
{
    "name": "java-angular-seed",
    "private": true,
    "version": "0.0.0",
    "description": "A starter project for AngularJS combined with java and maven",
    "repository": "https://github.com/ivonet/java-angular-seed",
    "license": "Apache 2.0",
    "devDependencies": {
        "bower": "^1.3.1",
        "http-server": "^0.6.1",
        "karma": "~0.12",
        "karma-chrome-launcher": "^0.1.4",
        "karma-firefox-launcher": "^0.1.3",
        "karma-jasmine": "^0.1.5",
        "karma-junit-reporter": "^0.2.2",
        "protractor": "~0.20.1",
        "shelljs": "^0.2.6"
    },
    "scripts": {
        "postinstall": "bower install",
        "prestart": "npm install",
        "start": "http-server src/main/webapp -a localhost -p 8000",
        "pretest": "npm install",
        "test": "karma start src/test/javascript/karma.conf.js",
        "test-single-run": "karma start src/test/javascript/karma.conf.js --single-run",
        "preupdate-webdriver": "npm install",
        "update-webdriver": "webdriver-manager update",
        "preprotractor": "npm run update-webdriver",
        "protractor": "protractor src/test/javascript/protractor-conf.js",
        "update-index-async": "node -e \"require('shelljs/global'); sed('-i', /\\/\\/@@NG_LOADER_START@@[\\s\\S]*\\/\\/@@NG_LOADER_END@@/, '//@@NG_LOADER_START@@\\n' + cat('src/main/webapp/vendor/angular-loader/angular-loader.min.js') + '\\n//@@NG_LOADER_END@@', 'src/main/webapp/index.html');\""
    }
}
```

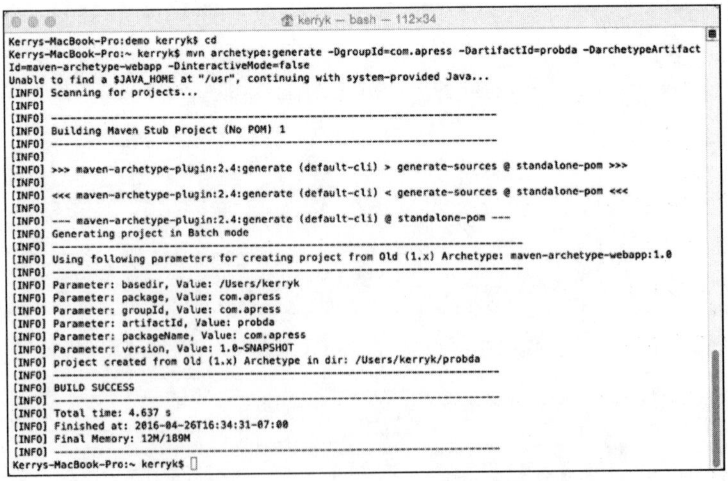

图 10-9 使用命令行为 Angular JS 项目成功构建 Maven Stub

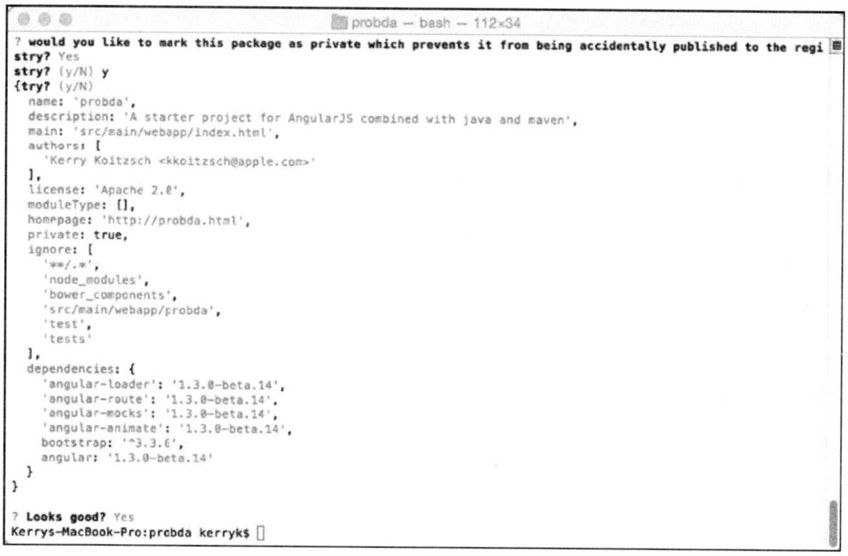

图 10-10　Angular JS 示例的配置文件

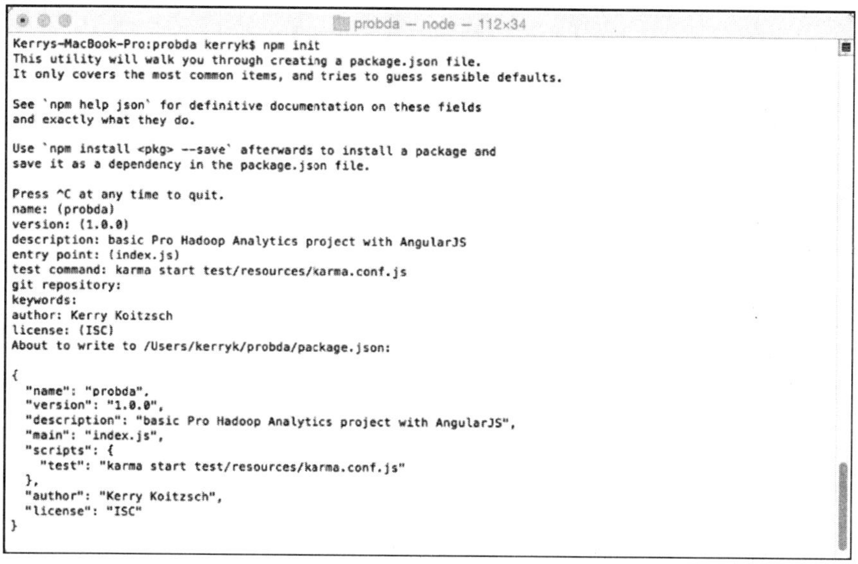

图 10-11　Angular JS 示例应用程序的附加配置文件

```
{
    "directory": "src/main/webapp/vendor"
}
bower install angular#1.3.0-beta.14
bower install angular-route#1.3.0-beta.14
bower install angular-animate#1.3.0-beta.14
bower install angular-mocks#1.3.0-beta.14
bower install angular-loader#1.3.0-beta.14
bower install bootstrap

bower init
[?] name: java-angularjs-seed
[?] version: 0.0.0
[?] description: A java / maven / angularjs seed project
```

```
[?] main file: src/main/webapp/index.html
[?] what types of modules does this package expose?
[?] keywords: java,maven,angularjs,seed
[?] authors: IvoNet
[?] license: Apache 2.0
[?] homepage: http://ivonet.nl
[?] set currently installed components as dependencies? Yes
[?] add commonly ignored files to ignore list? Yes
[?] would you like to mark this package as private which prevents it from being
accidentally pub[?] would you like to mark this package as private which prevents it
from being accidentally published to the registry? Yes

...

[?] Looks good? (Y/n) Y

{
    "name": "java-angularjs-seed",
    "version": "0.0.0",
    "authors": [
        "IvoNet <webmaster@ivonet.nl>"
    ],
    "description": "A java / maven / angularjs seed project",
    "keywords": [
        "java",
        "maven",
        "angularjs",
        "seed"
    ],
    "license": "Apache 2.0",
    "homepage": "http://ivonet.nl",
    "private": true,
    "ignore": [
        "**/.*",
        "node_modules",
        "bower_components",
        "src/main/webapp/vendor",
        "test",
        "tests"
    ],
    "dependencies": {
        "angular": "1.3.0-beta.14",
        "angular-loader": "1.3.0-beta.14",
        "angular-mocks": "1.3.0-beta.14",
        "angular-route": "1.3.0-beta.14",
        "bootstrap": "3.2.0"
    },
    "main": "src/main/webapp/index.html"
}
rm -rf ./src/main/webapp/vendor
npm install
```

现在配置./src/test/javascript/karma.conf.js。相关图形如图10-12和图10-13所示。

```
module.exports = function(config){
  config.set({

    basePath : '../../../',

    files : [
```

```
            'src/main/webapp/vendor/angular**/**.min.js',
            'src/main/webapp/vendor/angular-mocks/angular-mocks.js',
            'src/main/webapp/js/**/*.js',
            'src/test/javascript/unit/**/*.js'
        ],
        autoWatch : true,
        frameworks: ['jasmine'],
        browsers : ['Chrome'],
        plugins : [
                'karma-chrome-launcher',
                'karma-firefox-launcher',
                'karma-jasmine',
                'karma-junit-reporter'
                ],
        junitReporter : {
          outputFile: 'target/test_out/unit.xml',
          suite: 'src/test/javascript/unit'
        }
    });
};
```

图 10-12　Angular 组件安装的运行结果

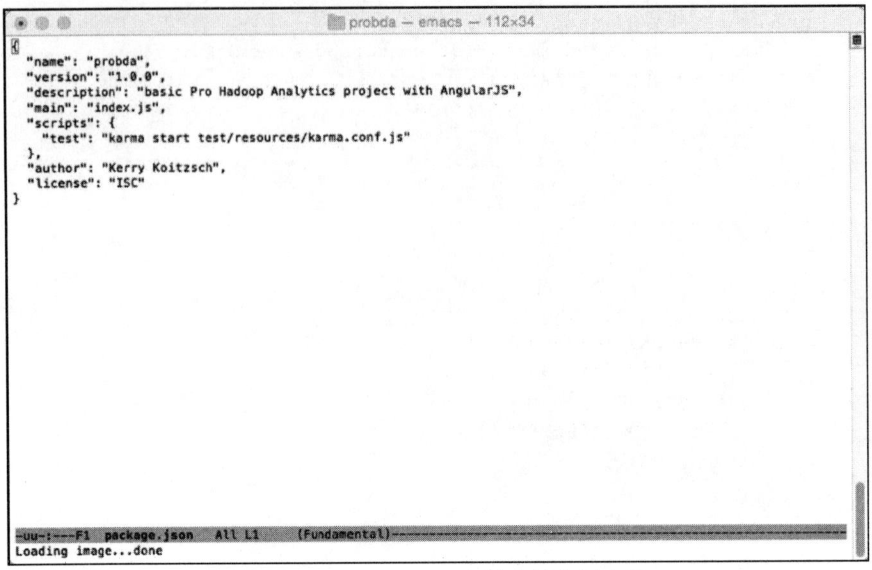

第Ⅲ部分 组件与系统

图 10-13 package.json 文件中的数据配置

在./src/main/webapp/WEB-INF/beans.xml 中放入以下内容：

```xml
<?xml version="1.0" encoding="UTF-8"?>
<beans xmlns="http://xmlns.jcp.org/xml/ns/javaee"
       xmlns:xsi="http://www.w3.org/2001/XMLSchema-instance"
       xsi:schemaLocation="http://xmlns.jcp.org/xml/ns/javaee http://xmlns.jcp.org/ xml/ns/javaee/beans_1_1.xsd"
       bean-discovery-mode="annotated">
</beans>

<project xmlns="http://maven.apache.org/POM/4.0.0" xmlns:xsi="http://www.w3.org/2001/XMLSchema-instance"
         xsi:schemaLocation="http://maven.apache.org/POM/4.0.0 http://maven.apache.org/maven-v4_0_0.xsd">
    <modelVersion>4.0.0</modelVersion>
    <groupId>nl.ivonet</groupId>
    <artifactId>java-angularjs-seed</artifactId>
    <packaging>war</packaging>
    <version>1.0-SNAPSHOT</version>

    <name>java-angularjs-seed Maven Webapp</name>

    <url>http://ivonet.nl</url>

    <properties>
        <artifact.name>app</artifact.name>
        <endorsed.dir>${project.build.directory}/endorsed</endorsed.dir>
        <project.build.sourceEncoding>UTF-8</project.build.sourceEncoding>
    </properties>

    <dependencies>
        <dependency>
            <groupId>junit</groupId>
            <artifactId>junit</artifactId>
            <version>4.11</version>
            <scope>test</scope>
        </dependency>
        <dependency>
            <groupId>org.mockito</groupId>
            <artifactId>mockito-all</artifactId>
```

```xml
            <version>1.9.5</version>
            <scope>test</scope>
        </dependency>

        <dependency>
            <groupId>javax</groupId>
            <artifactId>javaee-api</artifactId>
            <version>7.0</version>
            <scope>provided</scope>
        </dependency>

    </dependencies>
    <build>
        <finalName>${artifact.name}</finalName>
        <plugins>
            <plugin>
                <groupId>org.apache.maven.plugins</groupId>
                <artifactId>maven-compiler-plugin</artifactId>
                <version>3.1</version>
                <configuration>
                    <source>1.8</source>
                    <target>1.8</target>
                    <compilerArguments>
                        <endorseddirs>${endorsed.dir}</endorseddirs>
                    </compilerArguments>
                </configuration>
            </plugin>
            <plugin>
                <groupId>org.apache.maven.plugins</groupId>
                <artifactId>maven-war-plugin</artifactId>
                <version>2.4</version>
                <configuration>
                    <failOnMissingWebXml>false</failOnMissingWebXml>
                </configuration>
            </plugin>
            <plugin>
                <groupId>org.apache.maven.plugins</groupId>
                <artifactId>maven-dependency-plugin</artifactId>
                <version>2.6</version>
                <executions>
                    <execution>
                        <phase>validate</phase>
                        <goals>
                            <goal>copy</goal>
                        </goals>
                        <configuration>
                            <outputDirectory>${endorsed.dir}</outputDirectory>
                            <silent>true</silent>
                            <artifactItems>
                                <artifactItem>
                                    <groupId>javax</groupId>
                                    <artifactId>javaee-endorsed-api</artifactId>
                                    <version>7.0</version>
                                    <type>jar</type>
                                </artifactItem>
                            </artifactItems>
                        </configuration>
                    </execution>
                </executions>
            </plugin>
        </plugins>
    </build>
</project>
```

10.4 使用 d3.js、sigma.js 及其他工具

D3.js(https://d3js.org)和 sigma.js(http://sigmajs.org)是流行的数据可视化 JavaScript 库。使用 d3 和 sigmajs 工具包的图形可视化示例如图 10-14 和图 10-15 所示。

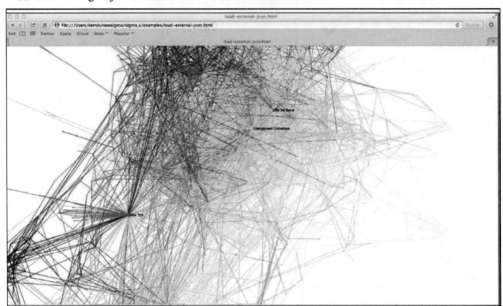

图 10-14　基于 sigma.js 的图形可视化示例

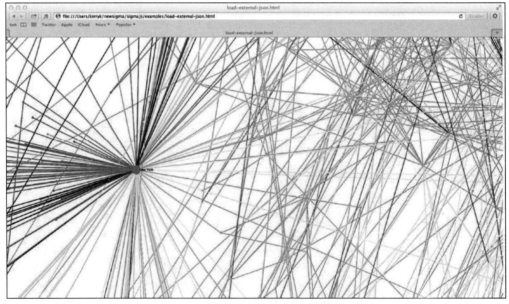

图 10-15　部分图数据库的典型数据可视化

可手工制作用户界面以适应应用,也可以选择使用一些可用的独立库、插件或工具包来实现复杂的可视化。

回顾一下，我们也可以直接从图数据库中可视化数据集。例如，在 Neo4j 中，我们可在加载 CSV 数据集后浏览萨克拉门托的犯罪统计信息。单击各个节点会将该节点的概要信息显示在图形底部，如图 10-16 所示。

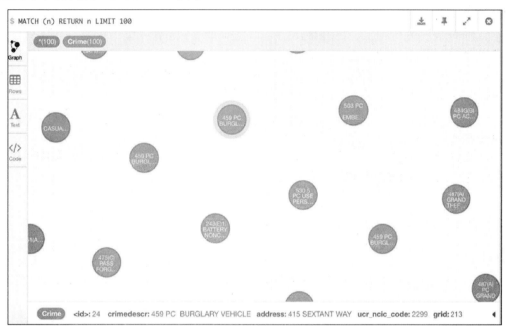

图 10-16　从 Neo4j 图数据库中查询的犯罪统计信息作为单个节点浏览

10.5　本章小结

本章研究了分析问题的可视化方面：如何看待和理解分析过程的结果。可视化挑战的解决方案可能像 Excel 中的 CSV 报表一样简单，也可能像交互式仪表板一样复杂。我们强调对 Angular JS 的使用，它是一种基于模型-视图-控制器(MVC)范例的复杂可视化工具包。

第 11 章将讨论基于规则的控制以及业务流程模块的设计与实现。规则系统是在计算机软件中一种具有悠久历史的控制系统，并且已经证明了其在广泛的控制和调度应用中的有效性。

我们将了解到，基于规则的模块可以成为分布式分析系统中的有用组件，尤其可用于在整个应用程序执行期间调度和统筹安排各个进程。

10.6　参考文献

1. Ford, Brian, and Ruebbelke, Lukas. *Angular JS in Action.* Boston, MA: O'Reilly Publishing, 2015.

2. Freeman, Adam. *Pro AngularJS.* New York, NY: Apress Publishing, 2014.

3. Frisbie, Matt. *AngularJS Web Application Development Cookbook.* Birmingham England UK: PACKT Publishing, 2013.

4. Murray, Scott. *Interactive Data Visualization for the Web.* Boston, MA: O'Reilly Publishing, 2013.

5. Pickover, Clifford A., Tewksbury, Stuart K. (eds). *Frontiers of Scientific Visualization.* New York, NY: Wiley-Interscience, 1994.

6. Teller, Swizec. *Data Visualization with d3.js.* Birmingham England UK: PACKT Publishing 2013.

7. Wolff, Robert S., Yaeger, Larry. *The Visualization of Natural Phenomena.* New York, NY: Telos/Springer-Verlag Publishing, 1993.

8. Zhu, Nick Qi. *Data Visualization with D3.js Cookbook.* Birmingham England UK: PACKT Publishing, 2013.

第IV部分 案例研究与应用

在本书最后的这一部分，我们将研究和应用前面讨论的分布式系统。本书结尾处阐述关于 Hadoop 的未来及分布式分析系统的一些思考。

第 11 章

生物信息学案例研究：分析显微镜载玻片数据

本章将介绍一种分析显微镜载玻片数据的应用程序，可应用于患者的体检或用作犯罪现场的法医证据。将说明如何使用 Hadoop 系统来组织、分析和关联生物信息学数据。

> **注意**
> 本章使用一组免费获得的果蝇图像来展示如何分析显微镜图像。严格来说，这些图像来自电子显微镜，与高中时代所接触的普通光学显微镜相比，这些图片具有更高的放大率和分辨率。然而，传感器数据输出上的分布式分析原理是相同的。例如，你使用来自小型无人驾驶机的图片并针对无人机照相机的图片输出进行分析。其软件组件和许多分析操作保持不变。

11.1 生物信息学介绍

生物学作为一门科学已有悠久的历史，跨越了多个世纪。然而，仅在最近五十年间，生物数据作为计算机数据使用，成为生物学中理解信息的一种方式。

生物信息学将生物数据作为计算机数据进行理解与有序分析。我们通过利用专门的库来转换和验证包含在生物和医学数据集中的信息(如 X 射线、显微镜载玻片的图像、化学 DNA 分析)、传感器信息(如心电图、MRI 数据)以及许多其他类型的数据源，从而完成生物学信息分析。

光学显微镜已经存在了数百年，但直到最近，才能够使用图像处理软件分析显微载玻片图像。最初这些分析以特定方式进行。现在显微镜载玻片图像本身已经成为"大数据"集合，可使用本书中描述的数据分析管道进行分析。

我们将研究一种专门用于执行自动显微镜载玻片分析的分布式分析系统，如图 11-1 所示。在其他例子中，我们将使用标准的第三方库在 Apache Hadoop 和 Spark 基础架构之上构建分析系统。

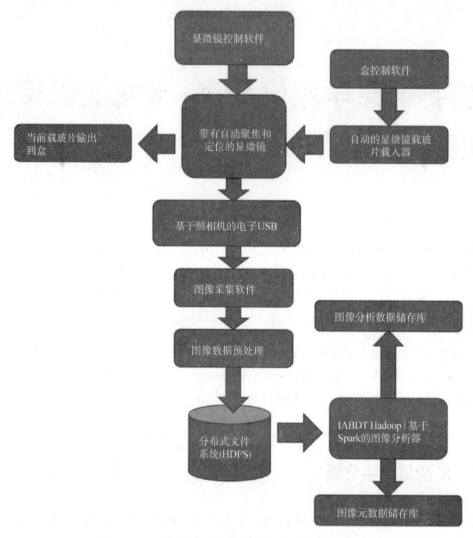

图 11-1　具有软件和硬件组件的显微镜载玻片分析示例

有关医学生物信息学相关技术和算法的详细描述，请参见 Kalet(2009)。

在深入研究该示例之前，我们应该再次强调之前提到的注意事项：是否使用电子显微镜图像、显微镜载玻片的光学图像甚至更复杂的图像(例如通常表示 X 射线的 DICOM 图像)。

注意

在本案例研究中需要一些特定领域的软件组件，并且包括一些软件包用于将显微镜及其照相机集成到一个标准图像处理应用程序中。

本章将讨论的示例代码基于图 11-1 所示的体系结构。大多数情况下，我们并不关心机制的物理结构，除非我们要对显微镜的设置进行精细控制。分析系统开始于流程结束的图像采集部分。与所有示例应用程序一样，在开始使用定制代码之前，我们将进行一个简单的技术堆栈组装阶段。使用显微镜是图像处理的一种特殊情况，即"图像作为大数据"，我们将在第 14 章中更详细地讨论。

随着我们为技术栈选择软件组件，我们也逐步形成了软件中想要完成的概括图。这种想法的一个结果如图 11-2 所示。包括数据源(来自显微镜相机或相机)、处理元件、分析元素和结果持久性。还需要其他一些组件，例如，用于保存中间结果的高速缓存存储库。

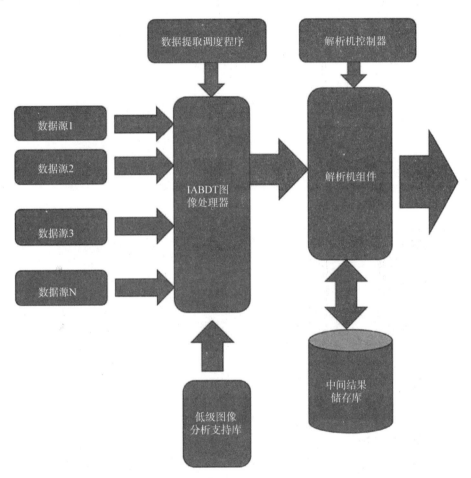

图 11-2　显微镜载玻片软件架构：高级软件组件图

11.2　自动显微镜简介

图 11-3 至图 11-5 展示了自动显微镜中显微镜载玻片经历的各个处理阶段。

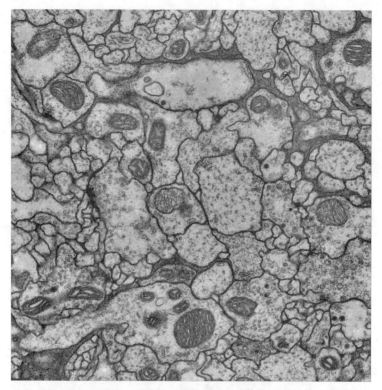

图 11-3　原始电子显微镜载玻片图像，显示果蝇组织切片

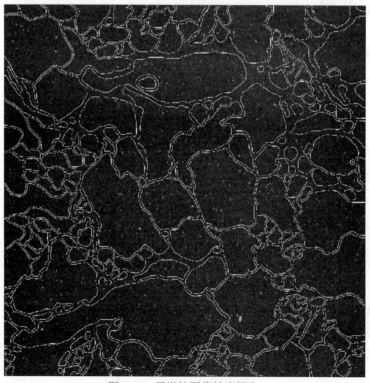

图 11-4　显微镜图像轮廓提取

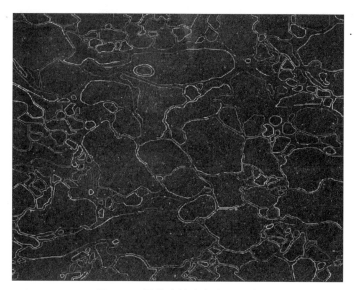

图 11-5　图像中的彩色编码区域

可使用组织切片的几何模型，如图 11-6 所示。

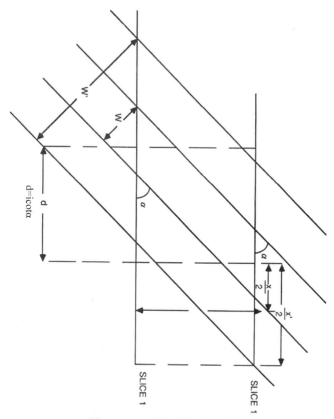

图 11-6　切片尺寸的几何计算

我们可以使用三维可视化工具来分析一组神经组织切片，如图 11-7 和图 11-8 所示。

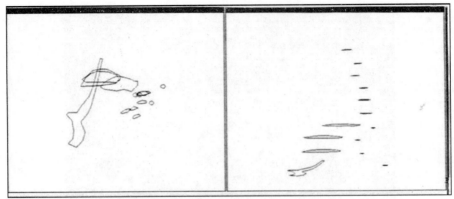

图 11-7　分析神经组织切片示例

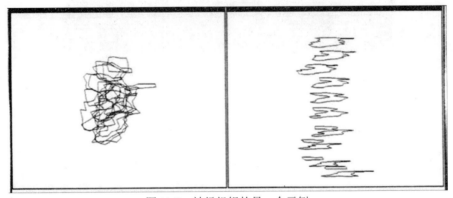

图 11-8　神经组织的另一个示例

11.3　代码示例：使用图像填充 HDFS

我们使用 HIPI 软件包(http://hipi.cs.virginia.edu/gettingstarted.html)将图像摄入 HDFS。Apache Oozie 可用于安排导入。可以按照 HIPI 的在线说明开始使用基本的 Hadoop：

```
package com.apress.probda.image;
import org.apache.hadoop.conf.Configured;
import org.apache.hadoop.util.Tool;
import org.apache.hadoop.util.ToolRunner;
public class ImageProcess extends Configured implements Tool {
  public int run(String[] args) throws Exception {
    System.out.println("---- Basic HIPI Example ----");
    return 0;
  }
  public static void main(String[] args) throws Exception {
    ToolRunner.run(new ImageProcess(), args);
    System.exit(0);
  }
}
```

编辑、编译和运行程序以验证结果。

程序的第二次迭代如下：

第 11 章　生物信息学案例研究：分析显微镜载玻片数据

```java
package com.apress.probda.image;
import org.hipi.image.FloatImage;
import org.hipi.image.HipiImageHeader;
import org.hipi.imagebundle.mapreduce.HibInputFormat;
import org.apache.hadoop.conf.Configured;
import org.apache.hadoop.util.Tool;
import org.apache.hadoop.util.ToolRunner;
import org.apache.hadoop.fs.Path;
import org.apache.hadoop.io.IntWritable;
import org.apache.hadoop.io.Text;
import org.apache.hadoop.mapreduce.lib.input.FileInputFormat;
import org.apache.hadoop.mapreduce.lib.output.FileOutputFormat;
import org.apache.hadoop.mapreduce.Job;
import org.apache.hadoop.mapreduce.Mapper;
import org.apache.hadoop.mapreduce.Reducer;
import org.apache.hadoop.mapreduce.lib.input.FileInputFormat;
import org.apache.hadoop.mapreduce.lib.output.FileOutputFormat;
import java.io.IOException;
public class ImageProcess extends Configured implements Tool {

  public static class ImageProcessMapper extends Mapper<HipiImageHeader, FloatImage,
IntWritable, FloatImage> {
    public void map(HipiImageHeader key, FloatImage value, Context context)
      throws IOException, InterruptedException {
    }
  }
  public static class ImageProcessReducer extends Reducer<IntWritable, FloatImage,
IntWritable, Text> {
      public void reduce(IntWritable key, Iterable<FloatImage> values, Context context)
        throws IOException, InterruptedException {
      }
  }
  public int run(String[] args) throws Exception {
    // Check input arguments
    if (args.length != 2) {
      System.out.println("Usage: imageProcess <input HIB> <output directory>");
      System.exit(0);
    }
    // Initialize and configure MapReduce job
    Job job = Job.getInstance();
    // Set input format class which parses the input HIB and spawns map tasks
    job.setInputFormatClass(HibInputFormat.class);
    // Set the driver, mapper, and reducer classes which express the computation
    job.setJarByClass(ImageProcess.class);
    job.setMapperClass(ImageProcessMapper.class);
    job.setReducerClass(ImageProcessReducer.class);
    // Set the types for the key/value pairs passed to/from map and reduce layers
    job.setMapOutputKeyClass(IntWritable.class);
    job.setMapOutputValueClass(FloatImage.class);
    job.setOutputKeyClass(IntWritable.class);
    job.setOutputValueClass(Text.class);
    // Set the input and output paths on the HDFS
    FileInputFormat.setInputPaths(job, new Path(args[0]));
    FileOutputFormat.setOutputPath(job, new Path(args[1]));
    // Execute the MapReduce job and block until it complets
    boolean success = job.waitForCompletion(true);

    // Return success or failure
    return success ? 0 : 1;
  }
  public static void main(String[] args) throws Exception {
    ToolRunner.run(new ImageProcess(), args);
    System.exit(0);
  }
}
```

第Ⅳ部分 案例研究与应用

在代码贡献中查找完整的代码示例，如图 11-9 所示。

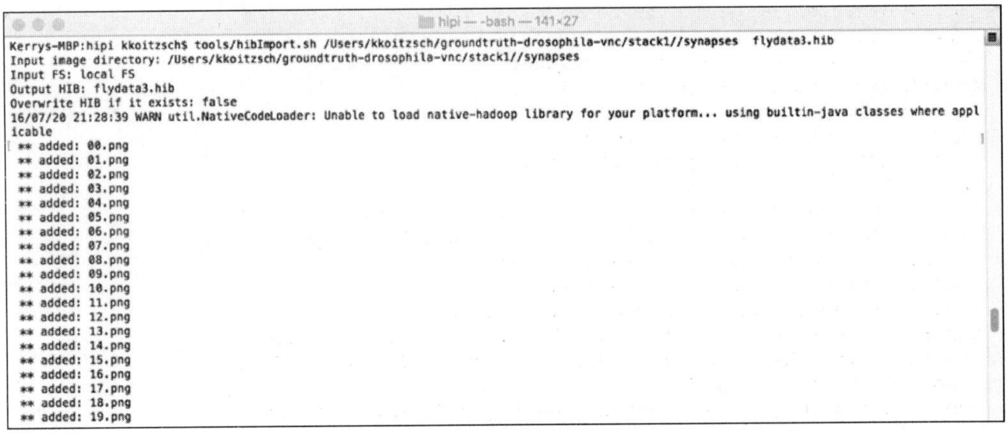

图 11-9　带有弗吉尼亚大学 HIPI 系统的 HDFS

通过在命令行上输入以下内容，检查 HibInfo.sh 工具是否已成功加载图像：

```
tools/hibInfo.sh flydata3.hib --show-meta
```

你应该可以看到类似于图 11-10 的结果。

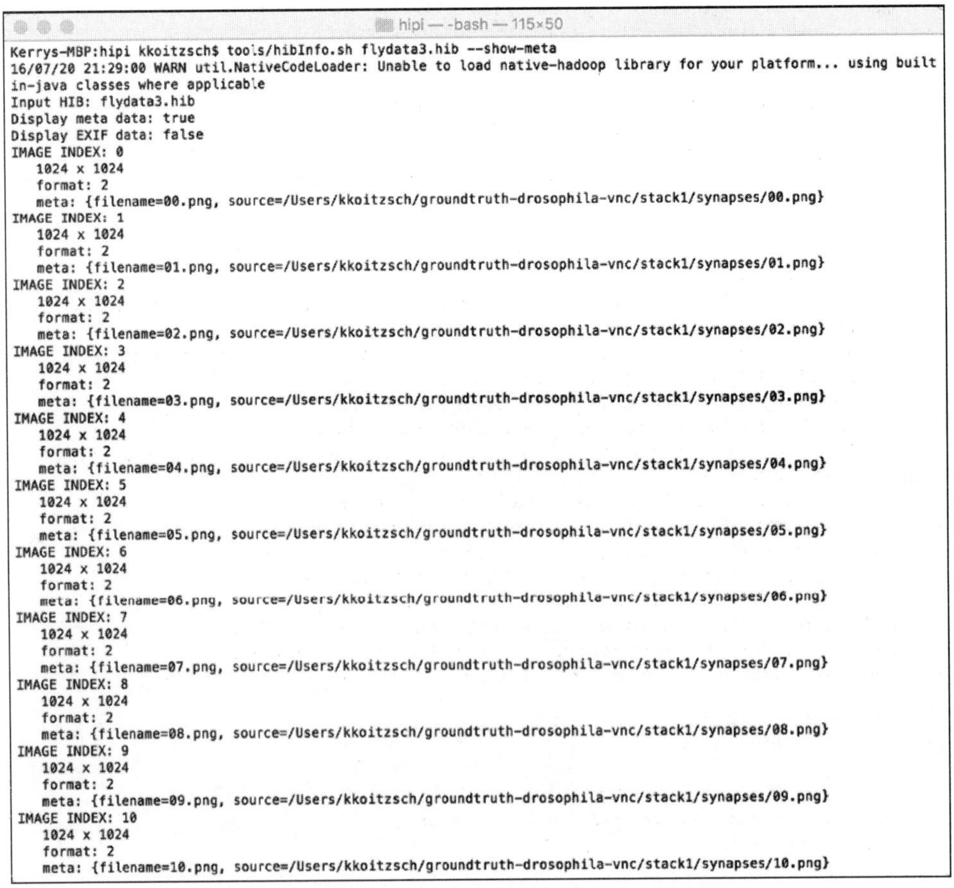

图 11-10　HDFS 图像的成功描述信息(包含元数据信息)

11.4 本章小结

本章描述了一个使用分布式生物信息学技术分析显微镜载玻片数据的示例应用程序。

第 12 章将讨论基于贝叶斯分类和数据建模方法的软件组件。这是一个非常有用的技术，可用来完善分布式数据分析系统，已被用于各个领域，包括金融、法医学和医疗应用。

11.5 参考文献

1. Gerhard, Stephan, Funke, Jan, Martel, Julien, Cardona, Albert, and Fetter, Richard. "Segmented anisotropic ssTEM dataset of neural tissue." Retrieved 16:09, Nov 20, 2013 (GMT) http://dx.doi.org/10.6084/m9.figshare.856713.

2. Kalet, Ira J. *Principles of Biomedical Informatics.* London, UK: Academic Press Elsevier, 2009.

3. Nixon, Mark S., and Aguado, Alberto S. *Feature Extraction & Image Processing for Computer Vision, Third Edition.* London, UK: Academic Press Elsevier, 2008.

第 12 章

贝叶斯分析组件：识别信用卡诈骗

本章将描述贝叶斯分析软件组件插件，该插件可用于分析信用卡交易流，从而识别非法用户对信用卡的欺诈性使用。

> **注意**
> 我们主要使用 Apache Mahout 提供的朴素贝叶斯实现，但也对几种潜在的解决方案进行讨论，使用了一般意义上的贝叶斯分析。

12.1 贝叶斯分析简介

贝叶斯网络(也称为信念网络或概率因果网络)是观测值、实验或假设的抽象表示。"信念"和"贝叶斯网络"两个概念密切相关。当我们进行物理实验时，比如使用盖革计数器识别放射性矿物质或进行一个土壤样本的化学试验来推断是否存在天然气、煤炭或石油，就出现与这些实验结果相关的"信任因子"。实验准确性如何？实验的"数据模型"——其前提、数据、数据变量间的关系、方法可靠性如何？我们对实验"结论"的信任程度如何？幸运的是，我们在最后几章构建的许多基础架构(特别是图数据库)，在处理各种贝叶斯技术方面非常有效。几乎所有的贝叶斯网络问题都受益于图形表示——毕竟它们是网络——而且图数据库有助于贝叶斯问题的无缝表示。

> **注意**
> 贝叶斯分析通过概念和技术的不断演变成为一个庞大的领域，现在包括深度学习和机器学习相关方面。本章末尾的一些参考文献提供了目前贝叶斯分析已使用的概念、算法和技术。

贝叶斯技术与一个持续存在的经济问题尤为相关：识别信用卡诈骗。我们来看一下简单的信用卡诈骗算法，如图 18-1 所示。所示的实现和算法均基于 Triparthi 和 Ragha(2004) 的工作。

我们将介绍如何基于图 12-1 所示的算法构建分布式信用卡诈骗检测器，使用了前面章节所描述的、大家已经非常熟悉的策略和技术。

第Ⅳ部分　案例研究与应用

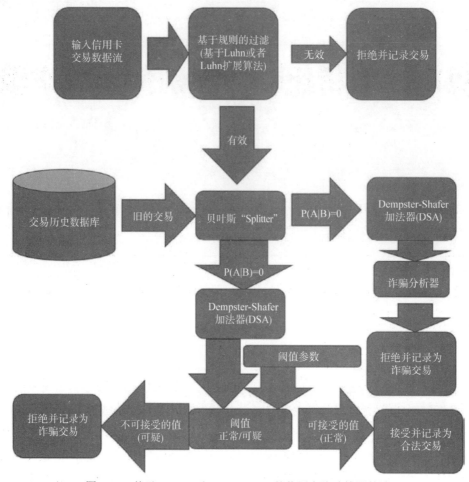

图 12-1　基于 Tripathi 和 Ragha(2004)的信用卡诈骗检测算法

首先要为应用程序的.bash_profile 文件添加一个环境变量：

```
export CREDIT_CARD_HOME=/Users/kkoitzsch/probda/src/main/resources/creditcard
```

首先让我们得到一些信用卡测试数据。从 https://www.cs.purdue.edu/commugrate/data/credit_card/下载数据集。该数据集是 2009 年代码挑战的基础数据集。我们仅对以下文件感兴趣：

```
DataminingContest2009.Task2.Test.Inputs
DataminingContest2009.Task2.Train.Inputs
DataminingContest2009.Task2.Train.Targets
```

将文件下载到$CREDIT_CARD_HOME/data。

下面查看一下信用卡交易记录的结构。CSV 文件中的每一行是一个交易记录，包含以下字段：

```
amount,hour1,state1,zip1,custAttr1,field1,custAttr2,field2,hour2,flag1,total,field3,field4,
indicator1,indicator2,flag2,flag3,flag4,flag5
000000000025.90,00,CA,945,1234567890197185,3,redjhmbdzmbzg1226@sbcglobal.net,0,00,0,00000000
0025.90,2525,8,0,0,1,0,0,2
```

168

```
000000000025.90,00,CA,940,1234567890197186,0,puwelzumjynty@aol.com,0,00,0,000000000025.90,3
393,17,0,0,1,1,0,1
000000000049.95,00,CA,910,1234567890197187,3,quhdenwubwydu@earthlink.
net,1,00,0,000000000049.95,-737,26,0,0,1,0,0,1
000000000010.36,01,CA,926,1234567890197202,2,xkjrjiokleeur@hotmail.com,0,01,1,000000000010.3
6,483,23,0,0,1,1,0,1
000000000049.95,01,CA,913,1234567890197203,3,yzlmmssadzbmj@socal.rr.c
om,0,01,0,000000000049.95,2123,23,1,0,1,1,0,1
…and more.
```

通过查看数据集中 CSV 行的标准结构,我们注意到有关字段 4 的一些内容:它具有一个 16 位的信用卡类编码,并不是能通过 Luhn 测试的、标准有效的信用卡编码。

我们编写程序将事件文件修改为更合适的文件:每个记录的字段 4 现在包含 Visa 或 Mastercard 能够随机生成的有效信用卡编号,如图 12-2 所示。我们想引入一些"错误"的信用卡编号,以确保检测器能够发现它们。

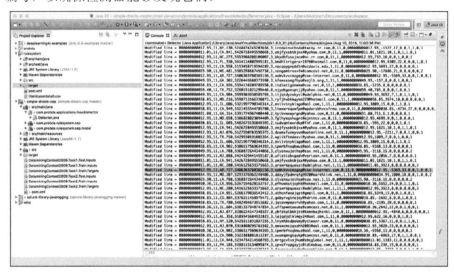

图 12-2　合并有效/无效的"真实"信用卡号码与测试数据

12.2　贝叶斯组件用于信用卡诈骗检测

用于从数据集中识别信用卡诈骗的贝叶斯组件原则上和我们一直讨论的其他许多类型的数据管道相同。回到本书的基本原则:分布式分析系统通常是某种数据管道或工作流进程。它们可能使用不同的部署、配置和技术选择,但就整体设计而言共享一些底层特性。

信用卡验证的基础

我们首先介绍信用卡验证的基本原则。通过 Luhn 检验可以确定信用卡编号为有效,如以下代码所示。

```
public static boolean checkCreditCard(String ccNumber)
    {
        int sum = 0;
        boolean alternate = false;
```

```
            for (int i = ccNumber.length() - 1; i >= 0; i--)
    {
                int n = Integer.parseInt(ccNumber.substring(i, i + 1));
                if (alternate)
                {
                        n *= 2;
                        if (n > 9)
                        {
                                n = (n % 10) + 1;
                        }
                }
                sum += n;
                alternate = !alternate;
    }
        return (sum % 10 == 0);
}
```

Luhn 信用卡号验证算法如图 12-3 所示。

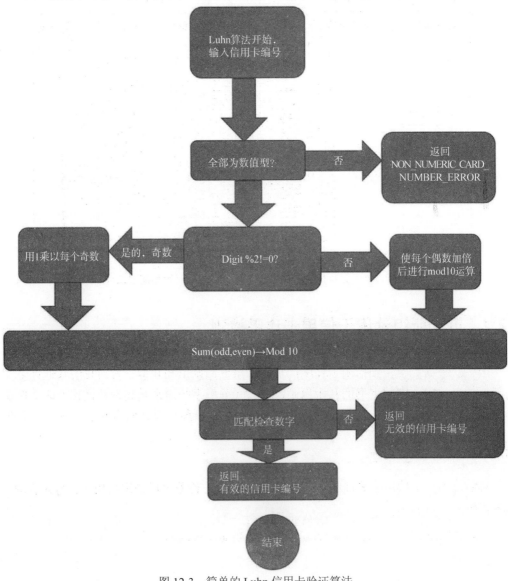

图 12-3　简单的 Luhn 信用卡验证算法

第 12 章 贝叶斯分析组件：识别信用卡诈骗

我们可将机器学习技术添加到诈骗检测中。

接下来看一下图 12-4 中的算法流程图。该过程包含训练阶段和检测阶段。

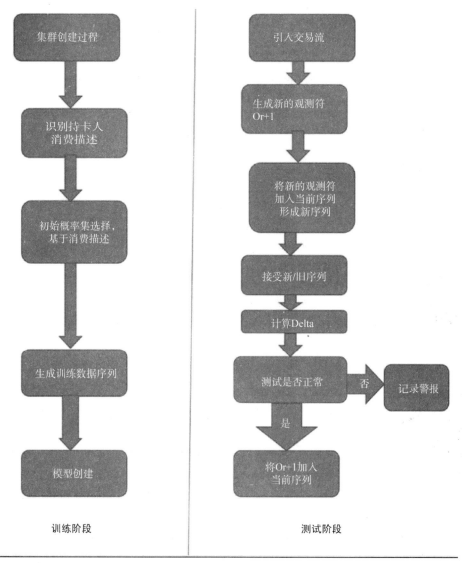

图 12-4 信用卡诈骗检测算法的训练阶段和检测阶段

在训练阶段，聚类过程创建数据模型。

在检测阶段，先前创建的模型用于检测(识别)新传入的事件。

训练/检测程序的实现如图 12-5 和图 12-6 所示。

```
Kerrys-MBP:bin kkoitzsch$ ./zkServer.sh start
ZooKeeper JMX enabled by default
Using config: /Users/kkoitzsch/Downloads/zookeeper-3.4.8/bin/../conf/zoo.cfg
Starting zookeeper ... STARTED
Kerrys-MBP:bin kkoitzsch$ cd ..
```

图 12-5 从命令行或脚本直接启动 Zookeeper

171

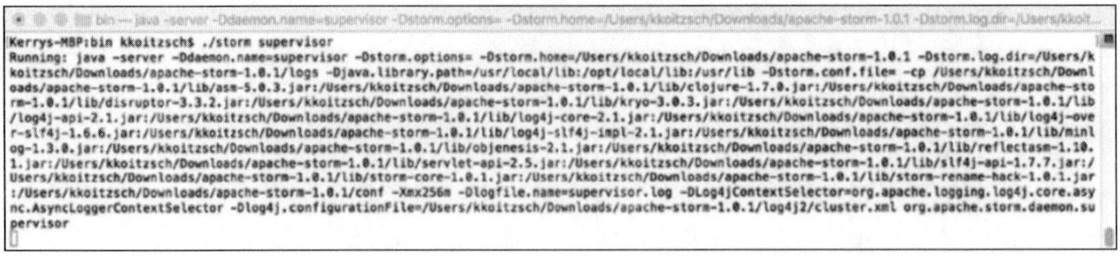
bin — java -server -Ddaemon.name=supervisor -Dstorm.options= -Dstorm.home=/Users/kkoitzsch/Downloads/apache-storm-1.0.1 -Dstorm.log.dir=/Users/kkoit...
Kerrys-MBP:bin kkoitzsch$ ./storm supervisor
Running: java -server -Ddaemon.name=supervisor -Dstorm.options= -Dstorm.home=/Users/kkoitzsch/Downloads/apache-storm-1.0.1 -Dstorm.log.dir=/Users/kkoitzsch/Downloads/apache-storm-1.0.1/logs -Djava.library.path=/usr/local/lib:/opt/local/lib:/usr/lib -Dstorm.conf.file= -cp /Users/kkoitzsch/Downloads/apache-storm-1.0.1/lib/asm-5.0.3.jar:/Users/kkoitzsch/Downloads/apache-storm-1.0.1/lib/clojure-1.7.0.jar:/Users/kkoitzsch/Downloads/apache-storm-1.0.1/lib/disruptor-3.3.2.jar:/Users/kkoitzsch/Downloads/apache-storm-1.0.1/lib/kryo-3.0.3.jar:/Users/kkoitzsch/Downloads/apache-storm-1.0.1/lib/log4j-api-2.1.jar:/Users/kkoitzsch/Downloads/apache-storm-1.0.1/lib/log4j-core-2.1.jar:/Users/kkoitzsch/Downloads/apache-storm-1.0.1/lib/log4j-over-slf4j-1.6.6.jar:/Users/kkoitzsch/Downloads/apache-storm-1.0.1/lib/log4j-slf4j-impl-2.1.jar:/Users/kkoitzsch/Downloads/apache-storm-1.0.1/lib/minlog-1.3.0.jar:/Users/kkoitzsch/Downloads/apache-storm-1.0.1/lib/objenesis-2.1.jar:/Users/kkoitzsch/Downloads/apache-storm-1.0.1/lib/reflectasm-1.10.1.jar:/Users/kkoitzsch/Downloads/apache-storm-1.0.1/lib/servlet-api-2.5.jar:/Users/kkoitzsch/Downloads/apache-storm-1.0.1/lib/slf4j-api-1.7.7.jar:/Users/kkoitzsch/Downloads/apache-storm-1.0.1/lib/storm-core-1.0.1.jar:/Users/kkoitzsch/Downloads/apache-storm-1.0.1/lib/storm-rename-hack-1.0.1.jar:/Users/kkoitzsch/Downloads/apache-storm-1.0.1/conf -Xmx256m -Dlogfile.name=supervisor.log -DLog4jContextSelector=org.apache.logging.log4j.core.async.AsyncLoggerContextSelector -Dlog4j.configurationFile=/Users/kkoitzsch/Downloads/apache-storm-1.0.1/log4j2/cluster.xml org.apache.storm.daemon.supervisor

图 12-6　从命令行启动 Apache Storm Supervisor

可使用代码运行完整的示例。

12.3 本章小结

本章讨论了围绕贝叶斯分类器开发的软件组件，旨在识别数据集中的信用卡诈骗。该应用程序已经被执行和思考了很多次。在本章中，我们希望能展示一个实现，在该实现中我们使用了本书中所学到的一些软件技术来激发讨论。

第 13 章将讨论一个实际应用：使用计算机模拟寻找矿物资源。“资源发现”应用程序是一种常见的程序类型，在该程序中真实数据集被挖掘、关联和分析，以确定“资源”的可能位置：可能是地下的石油、无人机图像中的树丛或是载玻片中一种特定类型的细胞。

12.4 参考文献

1. Bolstad, William M. *Introduction to Bayesian Statistics.* New York, NY: John Wiley and Sons, Inc., 2004.

2. Castillo, Enrique, Gutierrez, Jose Manuel, and Hadi, Ali S. *Expert Systems and Probabilistic Network Models.* New York, NY: Springer-Verlag, 1997.

3. Darwiche, Adnan. *Modeling and Reasoning with Bayesian Networks.* New York, NY: Cambridge University Press, 2009.

4. Kuncheva, Ludmila. *Combining Pattern Classifiers: Methods and Algorithms.* Hoboken, NJ: Wiley Inter-Science, 2004.

5. Neapolitan, Richard E. *Probabilistic Reasoning in Expert Systems: Theory and Algorithms.* New York, NY: John Wiley and Sons, Inc., 1990.

6. Shank, Roger, and Riesbeck, *Christopher. Inside Computer Understanding: Five Programs Plus Miniatures.* Hillsdale, NJ: Lawrence Earlbaum Associates, 1981.

7. Tripathi, Krishna Kumar and Ragha, Lata. “Hybrid Approach for Credit Card Fraud Detection” in International Journal of Soft Computing and Engineering (IJSCE) ISSN: 2231-2307, Volume-3, Issue-4, September 2013.

第 13 章

寻找石油：使用 Apache Mahout 分析地理数据

本章将讨论一个特别有趣的分布式大数据分析应用：使用领域模型寻找石油、铝土矿(铝矿石)或天然气等有用矿物的地理位置。我们提到一些便捷的技术包来提取、分析和可视化结果数据，特别是那些适于处理地理位置的数据以及其他与地理相关的数据类型。

> **注意**
> 本章使用的是 Elasticsearch 2.3 版本。此版本同样为使用 MapQuest 地图可视化提供便利，你将在本章和本书其他地方看到这一点。

13.1 基于领域的 Apache Mahout 推理介绍

大数据分析有许多特定领域的应用程序，我们可使用 Apache Mahout 有效地解决以领域为中心的问题。有时分析过程中所涉及的知识库非常复杂；数据集可能不精确或不完整，或者数据模型可能是错误的、考虑不周的或者根本不满足解决方案的需求。作为一个可靠的机器学习基础架构组件，Apache Mahout 提供可靠的算法和工具——去除了构建基于领域系统的一些问题。

领域为中心的相关示例为"资源发现"应用程序类型。包括分析系统能处理大量的时间戳数据(有时会在几年或几十年以上)；验证、协调和关联数据；然后通过使用特定领域的数据模型、计算分析(结果数据可视化是这些分析的输出)来确定特定"资源"的位置(通常在地球上或海洋中)。不用说，数据的时间戳、校对、管理以及地理数据的准确处理是从"资源发现"系统中生成准确、相关、及时的假设、解释、总结、建议以及可视化结果的关键。

基于 Khan"Prospector Expert System"(https://www.scribd.com/doc/44131016/ Prospector-Expert-System)的描述，这种系统通常使用的知识来源类型包括：规则(类似于在 JBoss Drools 系统中发现的那些)、语义网和框架(Shank 和 Abelson(1981)中深入探讨了混合方法)。像其他面向对象的系统一样，框架支持继承、持久性等。

图 13-1 展示了"假设生成器"的抽象视图，这是一种我们可以预测资源(如石油)位置的方法。该示例基于 JBoss Drools，已在第 8 章中讨论过。

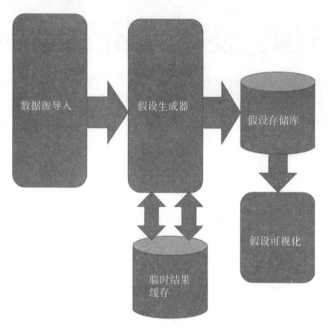

图 13-1　地理数据分析过程的抽象组件视图

图 13-2 显示，基于 Mahout 的软件组件可用于地理数据分析。

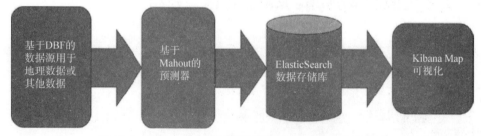

图 13-2　基于 Mahout 的软件组件架构用于地理数据分析

在示例程序中使用了 DBF 导入程序，如代码清单 13-1 所示，从 DBF 导入数据。Elasticsearch 是一个非常灵活的数据存储库，可以导入多种数据格式。

下载标准数据集，以便用于 Elasticsearch 机制。下述网站存在一些样本：

https://www.elastic.co/guide/en/kibana/3.0/snippets/logs.jsonl

加载样本数据集，这仅用于初步测试 Elasticsearch 和 Kibana。可尝试输入：

第 13 章 寻找石油：使用 Apache Mahout 分析地理数据

```
curl -XPOST 'localhost:9200/bank/account/_bulk?pretty' --data-binary @accounts.json
curl-XPOST 'localhost:9200/shakespeare/_bulk?pretty'--data-binary
@shakespeare.json
curl -XPOST 'localhost:9200/_bulk?pretty' --data-binary @logs.jsonl
```

注意

第 12 章中，我们使用 Apache Tika 读取 DBF 文件。本章将选用 Sergey Polovko(Jamel) 提供的另一种 DBF 阅读器。可从 GitHub(https://github.com/jamel/dbf)下载此 DBF 阅读器。

代码清单 13-1　用于地理数据源信息的一个简单 DBF 阅读器

```java
package com.apress.probda.applications.oilfinder;

import java.io.File;
import java.util.Date;
import java.util.List;

/** We use a standard DBF reader from github.
*
*/
import org.jamel.dbf.processor.DbfProcessor;
import org.jamel.dbf.processor.DbfRowMapper;
import org.jamel.dbf.utils.DbfUtils;
public class Main {

        static int rownum = 0;

        public static void main(String[] args) {
        File dbf = new File("BHL_GCS_NAD27.dbf"); // pass in as args[0]

        List<OilData> oildata = DbfProcessor.loadData(dbf, new DbfRowMapper<OilData>() {
            @Override
            public OilData mapRow(Object[] row) {

                for (Object o : row) {

                        System.out.println("Row object: " + o);

                }
                System.out.println("....Reading row: " + rownum + " into elasticsearch....");

                rownum++;

                System.out.println("------------------------");
                return new OilData(); // customize your constructor here
            }
        });

        // System.out.println("Oil Data: " + oildata);
    }
}
/** We will flesh out this information class as we develop the example.
*
* @author kkoitzsch
*
*/
class OilData {
```

```
String _name;
int _value;
Date _createdAt;

public OilData(String... args){

}

public OilData(){

}
public OilData(String name, int intValue, Date createdAt) {
    _name = name;
    _value = intValue;
    _createdAt = createdAt;
}
}
```

当然，阅读地理数据(包括 DBF 文件)其实只是分析过程的第一步。图 13-3 显示了一个测试查询。

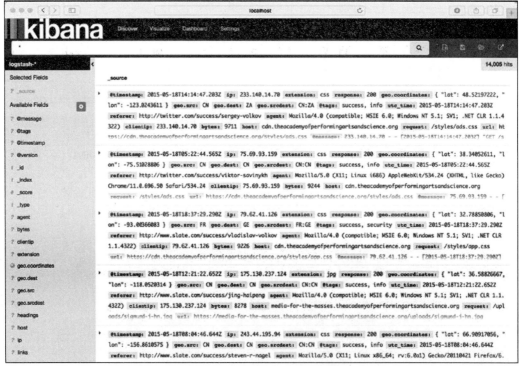

图 13-3　用于验证 Elasticsearch 的一个测试查询，已经正确填充了测试数据集

使用 Elasticsearch-Hadoop 连接器(https://www.elastic.co/products/hadoop)来连接 Elasticsearch 和应用程序中基于 Hadoop 的组件，如图 13-4 所示。

要了解有关 Hadoop-Elasticsearch 连接器的更多信息，请参阅网页 http://www.elastic.co/guide/en/elasticsearch/hadoop/index.html。

第 13 章 寻找石油：使用 Apache Mahout 分析地理数据

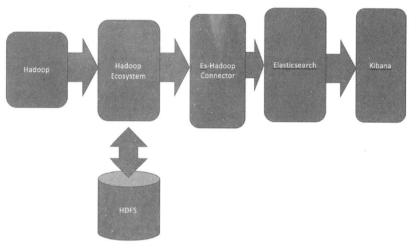

图 13-4　Elasticsearch-Hadoop 连接器及其与 Hadoop 系统、HDFS 间的关系

我们可以联合 Elasticsearch-Hadoop 连接器与 SpatialHadoop 来提供分布式分析功能，用于处理基于地理位置的数据。

我们选取适当的阈值，并对"兴趣点"(间隔、每个类别有多少个兴趣点及其他因素)提出限制，以生成预期结果可能性的可视化展示。

某些预期结果的证据和概率存储在相同的数据结构中，如图 13-5 所示。蓝色区域表示对于期望结果存在支持证据的可能性，这种情况下，期望结果为存在石油或与石油相关的产品。红色和黄色圆圈表示假设空间中可能性较高和中等的兴趣点。如果网格坐标恰巧定位，可以在地图上绘制结果假设，如图 13-6 和 13-7 所示。

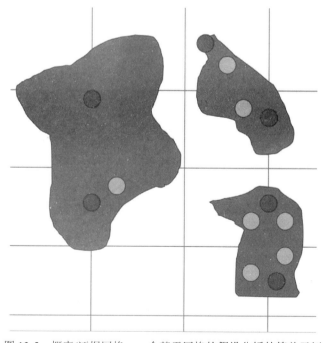

图 13-5　概率/证据网格：一个基于网格的假设分析的简单示例

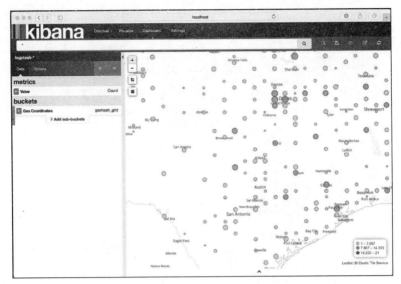

图 13-6 将 Kibana 和 Elasticsearch 用于得克萨斯州的地图可视化示例，使用纬度和经度以及属性的简单计数

可以运行简单的测试来确保 Kibana 和 Elasticsearch 正确显示了地理位置数据。

现在对 Mahout 分析组件进行描述。对于该例子，我们保持分析尽可能简单，以概述我们的思路。不用说，现实世界的资源发现需要更加复杂、适应性更强的数学模型，并在该数学模型中考虑更多的变量。

我们可以使用另一种非常实用的工具来建模和查看存在于搜索引擎中的数据内容，使用由 Ryan McKinley 提供的 Spatial Solr Sandbox 工具(https://github.com/ryantxu/spatial-solr-sandbox)。

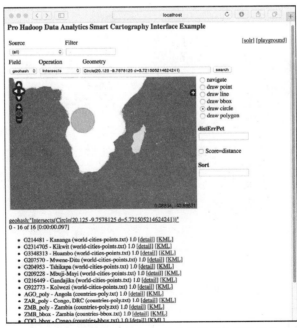

图 13-7 使用 Spatial Solr Sandbox 工具查询地理位置数据的 Solr 仓库

13.2 智能制图系统和 Hadoop 分析

智能制图(Smart Cartography，SC)系统是一种特殊类型的基于数据管道的软件应用，能够处理卫星图像，与带有图像数据库的卫星图像相比，被称为"地面实况"数据库。地面实况数据库提供标准的地理位置信息(例如矩形图像四个角的经度和维度、图像分辨率、缩放比和方位参数)以及辅助匹配过程的其他信息。

SC 系统为人力评估小组提供有用的图像匹配反馈，并可以帮助工程师和质量保证人员进行交互式查看、验证、编辑、注释并对带有"地面实况"的卫星图像和元数据进行比较。SC 系统的使用可使一个小型分析师团队在更短时间内执行更大规模评估团队的工作并具有更准确的结果，消除了由于疲劳造成的人为误差、观察误差等。

SC 系统可以使用各种传感器类型、图像格式、图像分辨率和数据提取速率，并且可以使用机器学习技术、基于规则的技术或推理过程来完善和调整特征识别，用于更准确、更有效地匹配卫星图像特征，例如位置(纬度、经度信息)、图像特征(如湖泊、道路、飞机跑道或河流)以及人造对象(如建筑物、购物中心或机场)。

SC 系统的用户可以提供关于匹配准确度的反馈，该反馈反过来使匹配过程随时间的推移变得更加准确。系统可能对用户选择的特征进行特别的操作，例如道路网络或人造特征如(建筑物)。

最后，SC 匹配过程提供了图像和地面真实数据间匹配的精度测量，并以报告或者仪表显示的形式向用户提供了错误和异常值信息。

SC 系统可提供一种有效方法来评估卫星图像的质量、精确度和一致性，可以解决高分辨率精度、任务完成时间、可扩展性和卫星图像实时处理的问题，并提供一个高性能软件解决方案，用于各种卫星图像评估任务。

以地理定位为中心的系统包含有用组件 Spatial4j(https://github.com/locationtech/ spatial4j)，如图 13-8 所示，该组件作为一个帮助库为 Java 提供空间和地理定位功能，由早期的一些工作演变而来，如前面讨论的 Spatial Solr Sandbox 工具包。

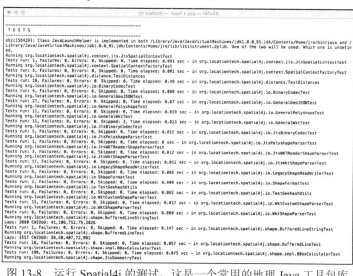

图 13-8　运行 Spatial4j 的测试，这是一个常用的地理 Java 工具包库

另一个有用的软件库为 SpatialHadoop(http://spatialhadoop.cs.umn.edu)，这是一个基于 MapReduce 的 Hadoop 扩展。SpatialHadoop 提供空间数据类型、索引和操作，允许使用简单的高级语言来控制地理定位为中心的数据处理，带有基于 Hadoop 的程序。图 13-9 显示生成的数据文件。

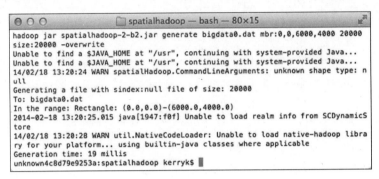

图 13-9　生成与 SpatialHadoop 一起使用的数据文件

13.3　本章小结

本章以大数据分析为工具讨论了石油和其他自然资源发现的理论和实践。我们可以加载 DBF 数据，可操作和使用 Mahout 分析数据，并将结果输出到一个简单的可视化程序。我们也讨论了一些包含在任意以地理定位为中心的应用程序中的库文件，如 Spatial4j 和 SpatialHadoop。

第 14 章将讨论一个特别有趣的大数据分析领域：使用图像及其元数据作为分析管道的数据源。

13.4　参考文献

1. Gheorghe, Radu, Hinman, Matthew Lee, and Russo, Roy. *Elasticsearch in Action.* Sebastopol, CA: O'Reilly Publishing, 2015.

2. Giacomelli, Piero. *Apache Mahout Cookbook.* Birmingham, UK: PACKT Publishing, 2013.

3. Sean Owen, Robin Anil, Ted Dunning, and Ellen Friedman. *Mahout in Action.* Shelter Island, NY: Manning Publications, 2011.

第 14 章

"图像大数据"系统：一些案例研究

本章将简要介绍一个示例工具包，即图像大数据工具包(Image as Big Data Toolkit, IABDT)，这是一个基于 Java 的开源框架，以可扩展、高可用性和可靠的方式执行各种分布式图像处理和分析任务。IABDT 是过去几年开发的一种图像处理框架，以响应快速发展的大型数据技术，特别是分布式图像处理技术。IABDT 旨在接受许多格式的图像、信号、传感器数据、元数据和视频作为数据输入。

本章讨论用于图像分析、大数据存储以及图像和图像衍生数据压缩方法的一般架构，以及用于图像大数据分析的标准技术。图像分析架构的一个实现范例 IABDT 解决了图像分析开发人员频繁遇到的一些挑战，包括将图像导入分布式文件系统或缓存、图像预处理和特征提取、应用分析和结果可视化。最后展示 IABDT 的一些功能，特别强调显示、演示、报告、仪表板构建和用户交互案例研究，从而解释我们的设计和方法堆栈选择。

14.1 图像大数据简介

"大数据"软件技术演进正在快速变化，与以往相比，能够以更加容易、准确、灵活的方式进行图像分析(从计算机图像衍生而来的复杂半结构化和非结构化数据集的自动分析与解释)，甚至使用最复杂和高功率的单个计算机或数据中心。包括 Hadoop、Apache Spark 和分布式计算系统在内的"大数据处理范例"使得大量应用领域受益于作为大数据的图像分析和图像处理，包括医疗、航空航天、地理空间分析和文档处理应用程序。模块化、高效和灵活的工具包仍然处于形成阶段或实验开发过程中。图像处理组件的集成、数据流控制以及图像分析的其他方面的定义尚不清晰。大数据技术的快速变化甚至使选择哪种"技术栈"来构建图像分析应用程序成为问题。在图像分析应用程序开发中需要解决这些挑战，因此我们开发了专门用于支持分布式大数据图像分析的架构和基础框架实现。

过去，低级图像分析和机器学习模块被组合在计算框架内用于完成特定领域的任务。随着分布式处理框架(如 Hadoop 和 Apache Spark)的出现，可以构建与其他分布式框架和库无缝连接的图像集成框架，其中"图像大数据"概念已成为基本原理框架架构。

我们的示例工具包 IABDT 提供了一个灵活的模块化架构，它是面向插件的。这使得许多不同的软件库、工具包、系统和数据源可在一个集成的分布式计算框架内进行组合。IABDT 是以 Java 和 Scala 为中心的框架，因为它使用 Hadoop 及其生态系统，还有 Apache Spark 框架及其生态系统来执行图像处理和图像分析功能。

IABDT 可与 NoSQL 数据库(如 MongoDB、Neo4j、Giraph 或 Cassandra)，以及更传统的关系数据库系统(如 MySQL 或 Postgres)一起使用，可用于存储计算结果，并用作数据存储库。(存储图像处理管道的预处理和后处理阶段生成的中间数据)。该中间数据可以由特征描述符、图像金字塔、边界、视频帧、辅助传感器数据(例如 LIDAR)或元数据组成。诸如 Apache Camel 和 Spring Framework 之类的软件库可以用作"组合件"来将组件彼此集成。

创建 IABDT 的动机之一是提供模块化的可扩展基础架构，用于执行预处理、分析以及可视化和分析结果的报告，特别是图像和信号。它们利用分布式处理的功能(与 Apache Hadoop 和 Apache Spark 框架一样)，并受到诸如 OpenCV、BoofCV、HIPI、Lire、Caliph、Emir、Image Terrier、Apache Mahout 等许多工具的启发。这些图像工具包特点总结在表 14-1 中。IABDT 提供框架、模块库和可扩展示例，以使用高效、可配置和分布式数据管道技术对图像执行大数据分析。

表 14-1 主流图像处理工具包的特点

工具包名称	位置	实现语言	描述
OpenCV	opencv.org	许多语言绑定，包括 Java	一般程序化图像处理工具包
BoofCV	boofcv.org	Java	基于 Java 的图像处理工具包
HIPI	hipi.cs.virginia.edu	Java	图像处理的 Hadoop 工具包
LIRE/CALIPH/EMIR	semanticmetadata.net	Java	使用 Lucene 的图像搜索工具包和库
ImageTerrier	imageterrier.org	Java	使用 Lucene 搜索引擎进行图像索引和搜索
Java Advanced Imaging	oracle.com/technetwork/java/javase/overview/in...	Java	通用图像处理工具包，备受尊崇但仍然有用

大数据图像工具包和组件正在成为基于 Apache Hadoop 和 Apache Spark 的其他分布式软件包的资源，如图 14-1 所示。图 14-2 显示了包含关系。

图 14-1 中，应用于 IABDT 中的模块类型的一些分布式实现包括：

遗传系统。有许多遗传算法特别适用于图像分析，包括用于大型解空间取样、特征提取和分类的技术。前两类技术更适用于图像预处理和特征提取阶段分析过程。

贝叶斯技术。贝叶斯技术包括大多数机器学习工具包中涉及的朴素贝叶斯算法，还包括其他更多算法。

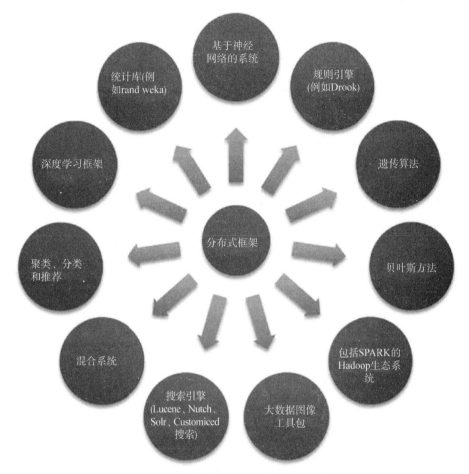

图 14-1 图像大数据工具作为分布式系统

Hadoop 生态系统扩展。可以在现有的 Hadoop 组件之上构建新的扩展，以提供定制的"图像大数据"功能。

聚类、分类和推荐。这三种类型的分析算法存在于大多数标准库中，包括 Mahout、MLib 和 H2O，并且构成了更复杂分析系统的基础。

混合系统将大量不同的组件类型集成到一个集成的整体中以执行单个功能。通常，混合系统包含一个控制组件，它可能是基于规则的系统(如 Drools)或其他标准控件组件(如 Oozie)，可用于调度任务或其他目的的，如 Luigi for Python(https://github.com/spotify/luigi)，内置 Hadoop 支持。如果要尝试 Luigi，请使用 Git 安装 Luigi，并将其复制到适当的子目录中：

```
git clone
```

```
https://github.com/spotify/luigi?cm_mc_uid=02629589701314462628476&cm_mc_
sid_50200000=1457296715
```

将目录更改为 bin 目录并启动服务器：

```
./luigid
```

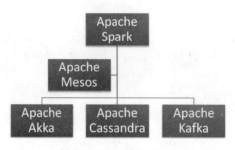

图 14-2 图像大数据工具作为分布式系统

14.2 使用 HIPI 系统的第一个代码示例

在本节中，我们将介绍 HIPI Hadoop 图像处理系统，并展示一些简单的示例，说明如何将其用作图像的分布式数据处理管道组件。

HIPI(hipi.cs.virginia.edu)是一个非常有用的基于 Hadoop 的图像处理工具，它起源于弗吉尼亚大学。它集成更主流的标准图像处理库(如 OpenCV)，以 Hadoop 为中心提供一种广泛的图像处理和分析技术。

基本的 Hadoop 中心图像处理任务的几个基本工具包含在 HIPI 系统中。

这些包括创建"HIB"文件(HIPI 图像束)的工具，如图 14-3 所示。

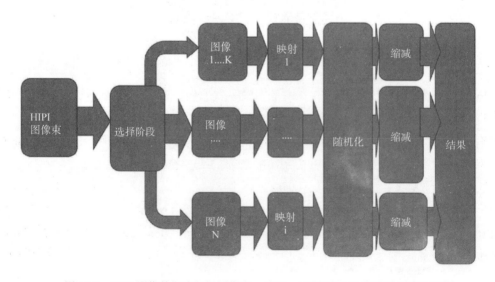

图 14-3 HIPI 图像数据流包括图像束、选择、映射/随机化和缩减到最终结果

HIPI 图像束或者"HIB"是用于 HIPI 的一种结构化存储方法,能将图像聚集到一个物理单元中。选择阶段可以基于适当的程序标准对每个 HIB 进行过滤。被淘汰的图像未完全解码,使得 HIPI 管道更加高效。选择阶段的输出结果如上图所示。每个图像集都有自己的映射阶段,随后是随机化阶段和相应的缩减步骤来创建最终结果。因此可以看到,HIPI 数据流程类似于标准的 Map-Reduce 数据流程。图 14-4 重现了 Hadoop 数据流程供读者参考。

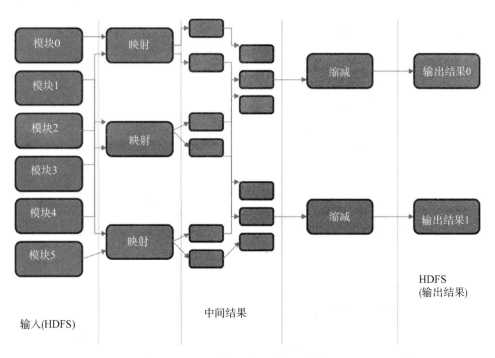

图 14-4 经典 Map-Reduce 数据流的参考图(供与图 14-3 进行比较)

安装基本的 HIPI 系统

基本 HIPI 安装说明如下。

1. 首先,在 http://hipi.cs.virginia.edu/gettingstarted.html 中查看 getting started,以了解有关系统的存储、更新和/或更改信息。

2. 安装基本的 HIPI 软件,如"getting started"页面所示:

```
git clone git@github.com: uvagfx / hipi.git
```

将源代码安装到 hipi 目录中。通过 cd 进入 hipi 所在目录,然后通过 ls 命令浏览目录下的内容。需要 Gradle 构建工具从源位置安装。构建结果类似于图 14-5。

图 14-5　在 Gradle 下成功安装 HIPI 工具包

Gradle 是另一种有用的安装和构建工具，类似于 Maven。一些系统(如 HIPI)使用 Gradle 比使用其他技术(如 Maven)更容易安装。图 14-6 是使用 HIPI 信息实用程序的示例。

图 14-6　使用 HIPI 信息实用程序的示例：有关 HIPI 系统中的 10 幅图像 HIB 的信息

然而，安装 HIPI 只是第一步！我们必须将 HIPI 处理器与分析组件进行整合以产生结果。

14.3 BDA 图像工具包利用高级语言功能

使用诸如 Python 之类的现代解释语言以及交互式 read-eval-print loop(REPL)和函数程序设计的能力是大多数现代编程语言(包括 Java 9、Scala 和交互式 Python)的功能。IABDT 使用这些现代编程语言功能使系统更易于使用，因此 API 代码更加简洁。

IABDT 与 Hadoop 2 和 Apache Spark 无缝集成，并使用标准分布式库(如 Mahout、MLib、H2O 和 Sparkling Water)来提供分析功能。我们讨论的一个案例研究也使用标准的以 Java 为中心具有 Hadoop 的统计库，如 R 和 Weka。

14.4 究竟什么是图像数据分析？

图像数据分析应用相同的通用原则、模式和数据分析策略。

区别在于数据源。我们摆脱了分析数字、排列项、文本、文档、日志和其他基于文本的数据源的传统思想。我们现在正在处理的数据不是基于文本的数据源，而是较复杂的信号领域(本质上是时间序列)和图像(可以是具有 RGB 值的彩色像素的二维图像，甚至更多具有元数据、地理位置和附加信息的特殊图像类型)。

需要专门的工具包来执行基本的图像数据管道。在顶层，提供许多预编码和可定制的方法来提供帮助。这些方法的分类如表 14-2 所示。表 14-3 列出了可视化 display 方法。

表 14-2 从大数据图像工具包中选择一些方法

方法名称	方法签名	输出类型	描述
EJRCL	EJRCL(Image, PropertySet)	ComputationResult	边缘、交叉点、区域、轮廓和线条
createImagePyramid	imagePyramid(Image, PropertySet)	ImagePyramid	通过参数化将一个图像转换为图像金字塔
projectBayesian	projectBayesian(ImageSet, BayesianModel, PropertySet)	BayesianResult	将图像投影到贝叶斯假设空间中
computeStatistics	computeStatistics(Image, PropertySet)	ComputationResult	为单幅图像或图像集或图像金字塔计算基本统计信息
deepLearn	deepLearn(ImageSet, Learner, PropertySet)	LearnerResult	使用标准的分布式深度学习算法来处理图像集或金字塔
multiClassify	multiclassify(ImageSet, ClassifierModel, PropertySet)	ClassifierResult	使用多个分类器对图像集或图像金字塔进行分类

表 14-3 由 IABDT 提供的可视化 display 方法。可使用类似的方法显示 IABDT 中的大多数对象类型

方法名称	方法签名	采用的工具包
display	display(Image, PropertySet)	BoofCV
display	display(ImagePyramid, PropertySet)	BoofCV
display	display(ImageSet, PropertySet)	BoofCV
display	display(Image, FeatureSet, PropertySet)	BoofCV
display	display(Image, GeoLocationModel, PropertySet)	BoofCV
display	display(Image, ResultSet, PropertySet)	BoofCV

图 14-7 显示了大数据图像工具包的架构。

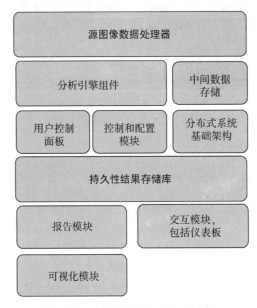

图 14-7 大数据图像工具包的架构

图像数据源处理器负责数据采集、图像清理、格式转换和其他操作，将数据变换为其他管道组件可接受的格式。

分析引擎组件可以支持诸如 R 和 Weka 的库。

中间数据源是初始分析计算的输出。

用户控制仪表板是一个事件处理程序、交互式组件。

控制和配置模块由诸如 Drools 或其他规则引擎或控制组件这样的规则组件组成，并且可能包含用于调度、数据过滤和细化以及整个系统控制和配置等任务的其他帮助库。通常，ZooKeeper 和/或 Curator 可用于协调、编排控制任务和配置任务。

分布式系统基础架构模块包含底层支持和帮助库。

持久性结果存储库可以是任意类型的数据接收装置，包括关系数据、图形或 NoSQL 类型的数据库。如果合适，也可以使用内存中的键值数据存储。

报告模块通常包括分析结果的旧式表格或图表。

用户交互、控制和反馈由 IABDT 交互模块提供，其中包括常见用例的默认仪表板。

可视化模块由用于显示图像、叠加层、特征位置和其他可视化信息的支持库组成，使得交互和理解数据集更容易。

14.5 交互模块和仪表板

为分布式图像处理系统开发合适的显示器和仪表板的能力有助于评估、测试、概念验证和完成优化。

IABDT 直接支持构建基本用户界面和仪表板。图 14-8 显示了简单用户界面。

图 14-8　使用 IABDT 构建简单的用户界面

IABD 工具包提供了相同对象的统一视图、处理图像序列的图像显示功能和图像叠加功能。

可使用 IABDT 用户界面构建模块来构建仪表板、显示界面和交互式界面(独立应用程序和基于 Web)。原型 IABDT 中提供了支持标准类型的显示，包括覆盖和地理位置数据。

14.6 添加新的数据管道和分布式特征查找

使用 IABDT 设计新的分析数据流很简单。来自算法的等式可以转换为独立代码，从独立代码到 Map-Reduce 实现，利用了用于集成 Hadoop/Spark 生态系统的多种工具包，包括弗吉尼亚大学的 HIPI 系统(hipi.cs.virginia.edu)，如下所述。

已经为基于 Spark 的系统明确地开发了一些分布式图像处理功能，因此会出现一些有关 Apache Spark 与 Hadoop 之间差异的争议。最近有一些关于 Apache Spark 已经终止了

Map-Reduce 范式和 Hadoop 生态系统的争论(例如,Apache Mahout 库最初仅支持 Map-Reduce,但后来演变为支持 Apache Spark 甚至 H2O)。随着我们不断发展和开发 IABDT 原型系统(随着时间推移,Apache Spark 成为越来越值得考虑的力量),我们改变了观点,并意识到 Hadoop 和 Spark 不应该被分离,它们是相辅相成的技术。因此,我们将 IABDT 工具包设计为模块化和非常灵活的系统,以便可以轻松地使用 Hadoop 生态系统组件以及 Spark 组件。我们甚至在"混合"数据流开发中使用 Hadoop 和 Spark 技术,在这种开发方式中,来自 M/R 和内存(Hadoop 和 Spark)处理的组件协作提供最终结果。

14.7 示例:分布式特征查找算法

可使用所谓 Hu Moment 概念来构建分布式特征查找算法。

Hu Moment 用于计算特征形状。

按照 Kulkani(1994),我们可以在以下几个方程中进行数学表达。

标准几何矩可以计算如下:

$$m_{pq} = \sum_{x=-n}^{n} \sum_{y=-n}^{n} x^p y^q g(x,y)$$

其中 $g(x,y)$ 是图像 g 中的二维索引。所谓的中心距可以定义为:

$$m_{pq} = \sum_{x=-n}^{n} \sum_{y=-n}^{n} (x-x')^p (y-y')^q g(x,y)$$

其中 $x' = m_{10}/m_{00}, y' = m_{01}/m_{00}$

并且,对尺度不变性进行归一化时:

$$\mu_{pq} = m_{pq}^{y}$$

其中

$$\gamma = \frac{(p+q)}{2} + 1$$

按照 Hu 方式,旋转和尺度不变的中心矩可以表示为:

$$\phi_1 = (\mu_{20} + \mu_{02})$$

$$\phi_2 = (\mu_{20} - \mu_{02})^2 + 4\mu_{11}^2$$

$$\phi_3 = (\mu_{30} - 3\mu_{12})^2 + (3\mu_{21} - \mu_{03})^2$$

$$\phi_4 = (\mu_{30} + \mu_{12})^2 + (\mu_{21} + \mu_{03})^2$$

$$\phi_5 = (\mu_{30} - 3\mu_{12})(\mu_{30} + \mu_{12})\left[(\mu_{30} + \mu_{12})^2 - 3(\mu_{21} + \mu_{03})^2\right] +$$
$$(3\mu_{21} - \mu_{03})(\mu_{21} + \mu_{03})\left[3(\mu_{30} + \mu_{12})^2 - (\mu_{12} + \mu_{03})^2\right]$$

$$\phi_6 = (\mu_{20} - \mu_{02})\left[(\mu_{30} + \mu_{12})^2 - (\mu_{21} + \mu_{03})^2\right] + 4\mu_{11}(\mu_{30} + \mu_{12})(\mu_{21} + \mu_{03})$$

$$\phi_7 = (3\mu_{21} - \mu_{03})(\mu_{30} + \mu_{12})\left[(\mu_{30} + \mu_{12})^2 - 3(\mu_{21} + \mu_{03})^2\right] - (\mu_{30} - 3\mu_{12})(\mu_{12} + \mu_{03})\left[3(\mu_{30} + \mu_{12})^2 - (\mu_{21} + \mu_{03})^2\right]$$

Hadoop 中的 Map-Reduce 任务可以从矩方程中明确地编码,首先在 Java 中用于实验目的，来测试程序逻辑并确保计算值符合期望值，然后转换为适当的 Map-Reduce 结构。代码清单 14-1 显示了 Java 实现的草图。我们使用标准的 Java 类 com.apress.probda.core。ComputationalResult 用来计算结果和"质心"。

代码清单 14-1　Java 中的矩计算

```java
public ComputationResult computeMoments(int numpoints, double[] xpts, double[] ypts)
    {
        int i;
          // array where the moments go
          double[] moments = new double[7];
        double xm.ym,x,y,xsq,ysq, factor;
        xm = ym = 0.0;
            for (i = 0; i<n; i++){
                        xm += xpts[i];
                        ym += ypts[i];
                    }
        // now compute the centroid
        xm /= (double) n;
        ym /= (double) n;
        // compute the seven moments for the seven equations above
        for (i=0; i<7; i++){
        x =xpts[i]-xm;
        y = ypts[i]-ym;
        // now the seven moments
        moments[0] += (xsq=x*x); // mu 20
        moments[1] += x*y; // mu 11
        moments[2] += (ysq = y * y); // mu 02
        moments[3] += xsq *x; // mu 30
        moments[4] += xsq *y; // mu 21
        moments[5] += x * ysq; // mu 12
        moments[6] += y * ysq; // mu 03
                }
 // factor to normalize the size
        factor = 1.0 / ((double)n *(double)n);
        // second-order moment computation
        moments[0] *= factor;
        moments[1] *= factor;
        moments[2] *= factor;
        factor /= sqrt((double)n);
        // third order moment computation
        moments[3] *= factor;
        moments[4] *= factor;
        moments[5] *= factor;
        moments[6] *= factor;
        // a variety of constructors for ComputationalResult exist.
// this one constructs a result with centroid and
//moment array. ComputationResult instances are persistable.
        return new ComputationalResult(xm, ym, moments);
    }
```

从这个简单的 Java 实现中，我们可以如代码清单 14-2 所示用签名实现 map、reduce 和 combine 方法。

代码清单 14-2　HIPI map/reduce 方法签名用于矩特征提取计算

```
// Method signatures for the map() and reduce() methods for
// moment feature extraction module
public void map(HipiImageHeader header, FloatImage image, Context context) throws IOException,
        InterruptedException

public void reduce(IntWritable key, Iterable momentComponents, Context context)
        throws IOException, InterruptedException
```

下面回顾第 11 章的显微镜示例。在某种程度上，这是一个非常典型的非结构化数据管道处理分析问题。图像序列作为有序的图像列表——它们可以按时间戳或诸如地理位置、立体配对或重要性顺序这样更复杂的安排来布置。设想在医疗应用中，可能有来自同一病人的几十幅医疗图像，那些危及生命的异常现象应尽快放到队列前面。

其他图像操作可能是分布式处理较合适的候选，如 Canny 边缘操作，见代码清单 14-3 中的 BoofCV 编码。

代码清单 14-3　在并行化之前，用 BoofCV 进行 Canny 边缘检测

```java
package com.apress.iabdt.examples;

import java.awt.image.BufferedImage;
import java.util.List;

import com.kildane.iabdt.model.Camera;

import boofcv.alg.feature.detect.edge.CannyEdge;
import boofcv.alg.feature.detect.edge.EdgeContour;
import boofcv.alg.filter.binary.BinaryImageOps;
import boofcv.alg.filter.binary.Contour;
import boofcv.factory.feature.detect.edge.FactoryEdgeDetectors;
import boofcv.gui.ListDisplayPanel;
import boofcv.gui.binary.VisualizeBinaryData;
import boofcv.gui.image.ShowImages;
import boofcv.io.UtilIO;
import boofcv.io.image.ConvertBufferedImage;
import boofcv.io.image.UtilImageIO;
import boofcv.struct.ConnectRule;
import boofcv.struct.image.ImageSInt16;
import boofcv.struct.image.ImageUInt8;

public class CannyEdgeDetector {

    public static void main(String args[]) {
        BufferedImage image = UtilImageIO
                    .loadImage("/Users/kerryk/Downloads/groundtruth-dro
                        sophilavnc/stack1/membranes/00.png");

        ImageUInt8 gray = ConvertBufferedImage.convertFrom(image, (ImageUInt8)
            null);
        ImageUInt8 edgeImage = gray.createSameShape();

        // Create a canny edge detector which will dynamically compute the
        // threshold based on maximum edge intensity
        // It has also been configured to save the trace as a graph. This is the
        // graph created while performing
        // hysteresis thresholding.

        CannyEdge<ImageUInt8, ImageSInt16> canny = FactoryEdgeDetectors.canny(2,
```

```
        true, true, ImageUInt8.class, ImageSInt16.class);
    // The edge image is actually an optional parameter. If you don't need
    // it just pass in null
    canny.process(gray, 0.1f, 0.3f, edgeImage);

    // First get the contour created by canny
    List<EdgeContour> edgeContours = canny.getContours();
    // The 'edgeContours' is a tree graph that can be difficult to process.
    // An alternative is to extract
    // the contours from the binary image, which will produce a single loop
    // for each connected cluster of pixels.
    // Note that you are only interested in external contours.
    List<Contour> contours = BinaryImageOps.contour(edgeImage,
        ConnectRule.EIGHT, null);

    // display the results
    BufferedImage visualBinary = VisualizeBinaryData.renderBinary edgeImage,
        false, null);
    BufferedImage visualCannyContour = VisualizeBinaryData.
    renderContours(edgeContours, null, gray.width, gray.height, null);
    BufferedImage visualEdgeContour = new BufferedImage(gray.width, gray.
        height,
    BufferedImage.TYPE_INT_RGB);
    VisualizeBinaryData.renderExternal(contours, (int[]) null,
        visualEdgeContour);

    ListDisplayPanel panel = new ListDisplayPanel();
    panel.addImage(visualBinary, "Binary Edges");
    panel.addImage(visualCannyContour, "Canny GraphTrace");
    panel.addImage(visualEdgeContour, "Canny Binary Contours");
    ShowImages.showWindow(panel, "Image As Big Data Toolkit Canny Edge
        Extraction: ", true);
    }
}
```

兴趣点是明确定义的、并且具有"特殊兴趣"的稳定图像空间位置。例如，图 14-9 中的兴趣点出现在图像中连接其他结构的连接点处。角点、交叉点、轮廓和模板可用于识别我们在图像中寻找的内容，并可以对我们发现的结果进行统计分析。

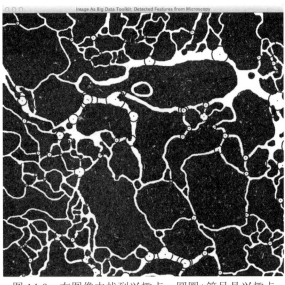

图 14-9　在图像中找到兴趣点：圆圈+符号是兴趣点

IABDT 的典型输入过程如图 14-10 所示。

图 14-10　IADB 工具包的输入过程，显示图像预处理组件

数据源可通过数据管道以"批量模式"或"流模式"处理。图像数据源预处理器可以执行以图像为中心的预处理，如特征提取、区域识别、图像金字塔构造等任务，使得管道的图像处理部分变得更加简便。

14.8　IABD 工具包中的低级图像处理程序

低级图像处理程序是 IABDT 的重要组成部分。使用 Maven 与 IABDT pom.xml 文件的依赖关系，包含 JAI、OpenCV 和 BoofCV 的大多数标准图像处理库可以与 IABDT 以无缝的方式结合使用。初始 IABDT 产品中的一些标准低级图像处理包括傅里叶算子。傅里叶算子将图像数据映射到频率空间中，如下式所示：

$$FP_{U,V} = \frac{1}{N} \sum_{x=0}^{N-1} \sum_{y=0}^{N-1} P_{x,y} e^{-j\left(\frac{2\pi}{N}\right)(ux+vy)}$$

Canny 边缘算子。Canny 算子可以通过以下步骤近似得到：高斯平滑、Sobel 算子(非最大抑制阶段)、阈值处理(具有滞后性，一种特殊的阈值)。提取的二维形状可以持久保存到 IABDT 数据源。

线、圆和椭圆提取运算符。这些是用于二维图像数据中线、圆和椭圆元素的特征提取算法。工具包中包含几个示例实现。

14.9　术语

下面简单总结与图像处理和"图像大数据"概念相关联的一些术语。

基于代理的系统：合作的多代理系统或机构是设计和实施 IABD 系统的有效方式。单个代理节点进程在程序化的网络拓扑中协作以实现共同目标。

贝叶斯图像处理：使用贝叶斯技术的基于阵列的图像处理通常涉及使用贝叶斯网络来构建和计算，其中节点被认为是随机变量，图形边缘是条件依赖关系。随机变量和条件依赖关系是来自基本贝叶斯统计的标准贝叶斯概念。按照 Opper 和 Winther，我们可以表示贝叶斯最优预测为：

$$y^{Bayes}(D_m, x) = sgn \int df\, p(f|y) sgn\, f$$

对象假设、预测和传感器融合是贝叶斯图像处理的典型问题。

分类算法：IABDT 中的分布式分类算法包括大-小边距(边缘是分类的置信水平)分类器。可以使用包括遗传算法、神经网络、boosting 和支持向量机(SVM)在内的各种技术进行分类。诸如 Apache Mahout 的标准支持库包含分布式分类算法，如标准 k 均值或模糊 k 均值技术。

深度学习(Deep Learning，DL)：基于学习型数据表示和高级数据抽象的算法建模的机器学习分支。深度学习使用多个复杂的处理级别和多个非线性变换。

分布式系统：基于网络硬件拓扑上的消息传递架构的软件系统。分布式系统可能部分由诸如 Apache Hadoop 和 Apache Spark 之类的软件框架实现。

图像大数据(Image As Big Data，IABD)：IABD 概念需要以某种方式处理信号、图像、视频以及"大数据"的任何其他来源，包括基于"种类、体积、速度和精确性"的 4V 概念。IABD 的特殊要求包括各种自动处理，如压缩、格式转换和特征提取。

机器学习(Machine Learning，ML)：机器学习技术可用于各种图像处理任务，包括特征提取、场景分析、对象检测、假设生成、模型构建和模型实例化。

神经网络：神经网络是一种数学模型，用于模拟人类高维推理的生物学模型。许多类型的分布式神经网络算法对于图像分析、特征提取和图像的二维/三维模型建立都是有用的。

本体驱动建模：本体作为模型中实体以及这些实体之间关系的描述，可以被开发以驱动和通知建模过程，其中模型细化、元数据甚至新的本体形式和模式会随着建模过程的输出而演变。

传感器融合：将来自多个传感器或数据源的信息组合成一个集成的、一致的和同类的数据模型。传感器融合可以通过许多数学技术来实现，包括一些贝叶斯技术。

分类：构建目录的分类和命名的方案。可以利用分类法、相关的本体数据结构和处理技术来帮助定义、生成或建模对象层次结构。

14.10 本章小结

本章讨论了"图像大数据"概念，以及为什么它是大数据分析技术领域的重要概念。描述了一种新的大数据图像工具包(IABDT)的当前体系架构、特点和用例。其中，互补技术 Apache Hadoop 和 Apache Spark 及其各自的生态系统和支持库已经统一起来，以提供低级图像处理操作和图像分析算法。图像分析算法可用于开发分布式、定制的图像处理管道。

第 15 章将讨论如何使用从本书前几章中学到的技术和技术栈来构建通用数据处理管道。

14.11 参考文献

1. Akl, Selim G. (1989). *The Design and Analysis of Parallel Algorithms*. Englewood Cliffs, NJ: Prentice Hall.

2. Aloimonos, J., & Shulman, D. (1989). *Integration of Visual Modules: An Extension of the*

Marr Paradigm. San Diego, CA: Academic Press Professional Inc.

3. Ayache, N. (1991). *Artificial Vision for Mobile Robots: Stereo Vision and Multisensory Perception*. Cambridge, MA: MIT Press.

4. Baggio, D., Emami, S., Escriva, D, Mahmood, M., Levgen, K., Saragih, J. (2011). *Mastering OpenCV with Practical Computer Vision Projects*. Birmingham, UK: PACKT Publications.

5. Barbosa, Valmir. (1996). *An Introduction of Distributed Algorithms*. Cambridge, MA: MIT Press.

6. Berg, M., Cheong,O., Krevald, V. M., Overmars, M. (Ed.). (2008). *Computational Geometry: Algorithms and Applications*. Berlin Heidelberg, Germany: Springer-Verlag.

7. Bezdek, J. C., Pal, S. K. (1992).(Ed.) *Fuzzy Models for Pattern Recognition: Methods That Search for Structures in Data*. New York, NY: IEEE Press.

8. Blake, A., and Yuille, A. (Ed.). (1992). *Active Vision*. Cambridge, MA: MIT Press.

9. Blelloch, G. E. (1990). *Vector Models for Data-Parallel Computing*. Cambridge, MA: MIT Press.

10. Burger, W., & Burge, M. J. (Ed.). (2016). *Digital Image Processing: An Algorithmic Introduction Using Java, Second Edition*. London, U.K. :Springer-Verlag London.

11. Davies, E.R. (Ed.). (2004). *Machine Vision: Theory, Algorithms, Practicalities. Third Edition*. London, U.K: Morgan Kaufmann Publishers.

12. Faugeras, O. (1993). *Three Dimensional Computer Vision: A Geometric Viewpoint*. Cambridge, MA: MIT Press.

13. Freeman, H. (Ed.) (1988). *Machine Vision: Algorithms, Architectures, and Systems*. Boston, MA: Academic Press, Inc.

14. Giacomelli, Piero. (2013). *Apache Mahout Cookbook*. Birmingham, UK: PACKT Publishing.

15. Grimson, W. E. L.; Lozano-Pez, T.;Huttenlocher, D. (1990). *Object Recognition by Computer: The Role of Geometric Constraints*. Cambridge, MA: MIT Press.

16. Gupta, Ashish. (2015). *Learning Apache Mahout Classification*. Birmingham, UK: PACKT Publishing.

17. Hare, J., Samangooei, S. and Dupplaw, D. P. (2011). *OpenIMAJ and ImageTerrier: Java libraries and tools for scalable multimedia analysis and indexing of images*. In Proceedings of the 19th ACM international conference on Multimedia (MM '11). ACM, New York, NY, USA, 691-694. DOI=10.1145/2072298.2072421 http://doi.acm.org/10.1145/2072298.2072421.

18. Kulkarni, A. D. (1994). *Artificial Neural Networks for Image Understanding*. New York, NY: Van Nostrand Reinhold.

19. Kumar, V., Gopalakrishnan, P.S., Kanal, L., (Ed.). (1990). *Parallel Algorithms for Machine Intelligence and Vision*. New York NY: Springer-Verlag New York Inc.

20. Kuncheva, Ludmilla I. (2004). *Combining Pattern Classifiers: Methods and Algorithms*. Hoboken, New Jersey, USA: John Wiley & Sons.

21. Laganiere, R. (2011). *OpenCV 2 Computer Vision Application Programming Cookbook.* Birmingham, UK: PACKT Publishing.

22. Lindblad, T. Kinser, J.M. (Ed.). (2005). *Image Processing Using Pulse-Coupled Neural Networks, Second, Revised Edition.* Berlin Heidelberg, Germany, U.K.: Springer-Verlag Berlin Heidelberg.

23. Lux,M. (2015).LIRE: Lucene Image Retrieval. Retrieved on May 4, 2016 from http://www.lireproject.net/.

24. Lux, M. (2015). *Caliph & Emir:MPEG-7 image annotation and retrieval GUI tools.* CaliphEmir-Caliph and Emir-Github. In Proceedings of the 17th ACM international conference on Multimedia. ACM, 2009. Retrieved on May 4, 2016 from https://github.com/dermotte/CaliphEmir.

25. Mallat, S. (Ed.) (2009). *A Wavelet Tour of Signal Processing, The Sparse Way.* Burlington, MA, USA: Elsevier Inc.

26. Mallot, H. A., Allen, J.S. (Ed.). (2000). *Computational Vision: Information Processing in Perception and Visual Behavior, 2nd ed.* Cambridge, MA, USA: MIT Press.

27. Masters, T. (2015). *Deep Belief Nets in C++ and CUDA C. Volume 1: Restricted Boltzmann Machines.* Published by author: TimothyMasters.info

28. *Deep Belief Nets in C++ and CUDA C. Volume II: Autocoding in the Complex Domain.* (2015). Published by author: TimothyMasters.info.

29. Nixon, M.S. and Aguado, A. S. (2012). *Feature Extraction and Image Processing for Computer Vision, Third Edition.* Oxford, U.K: Academic Press Elsevier Limited.

30. Pentland, Alex. (1986). *From Pixels to Predicates: Recent Advancements in Computational and Robotic Vision.* Norwood, NJ: Ablex Publishing.

31. Reeve, Mike (Ed.). (1989). *Parallel Processing and Artificial Intelligence.* Chichester, UK: John Wiley and Sons.

32. The University of Southampton (2011-2015). The ImageTerrier Image Retrieval Platform. Retrieved on May 4, 2016 from http://www.imageterrier.org/.

33. Tanimoto, S, and Kilnger, A. (Eds.). (1980). *Structure Computer Vision: Machine Perception through Hierarchical Structures.* New York, NY: Academic Press.

34. Ullman, Shimon. (1996). *High-Level Vision: Object Recognition and Visual Cognition.* Cambridge, MA: MIT Press.

35. University of Virginia Computer Graphics Lab (2016). *HIPI-Hadoop Image Processing Interface.* Retrieved on May 4, 2016 from http://hipi.cs.virginia.edu/.

第 15 章

构建通用数据管道

本章将详细介绍一个完整的分析系统,它使用本书中讨论的许多技术,为用户提供了可以扩展和编辑的评估系统,以便用户创建自己的 Hadoop 数据分析系统。此后讨论开发数据管道时使用的五个基本策略。最后介绍如何应用这些策略构建通用的数据管道组件。

15.1 示例系统的体系架构和描述

在第 5 章中,我们建立了一些基本的数据管道。现在将我们所提到的想法扩展到更通用的数据管道应用程序中。

最简单的数据管道如图 15-1 所示。它是由数据传输步骤连接起来的一系列数据处理阶段。数据传输阶段从数据源收集数据并将其发送到数据接收装置。对于不同的传输阶段,传输方法可能会有所不同,并且数据处理阶段对数据输入进行转换,向后续阶段发射数据输出。最终结果输出到数据存储或可视化/报告组件。

图 15-1 通用数据管道的简单抽象

让我们来看一个关于通用数据管道真实的例子。最简单的实用配置如图 15-2 所示。它包含数据源(这种情况下为 HDFS)、处理单元(这种情况下为 Mahout)和输出阶段(这种情况下为 D3 可视化器,它是 Big Data Toolkit 的一部分)。

图 15-2 真实的分布式管道由三个基本单元组成

第一个示例将数据集导入 HDFS,使用 Mahout 执行一些简单的分析处理,并将分析结果传递给一个简单的可视化组件。

15.2 如何获取和运行示例系统

示例系统是基于 Maven 的以 Java / Scala 为中心的系统,与本书中描述的许多软件组件类似,并且可以在 Apress 代码贡献网站上获得。更多详细的信息请参阅附录 A 和 B。安装示例系统非常简单:只需要按照软件下载中的说明进行操作即可。本书全面介绍了 Java、Ant 和 Maven 等基础架构工具,但组件的版本号可能发生改变。你可以轻松地在 pom.xml Maven 文件中更改版本号。

15.3 管道构建的五大策略

本书的大部分章节提到了不同的数据管道构建策略。虽然软件组件、平台、工具和库可能会发生改变,但是数据管道设计的基本策略设计方法保持不变。

数据管道构建有很多策略,但一般来讲,基于"工作方式"有五种主要策略,下面简要讨论这五种基本策略类型。

15.3.1 从数据源和接收装置工作

当你使用现存的或旧的数据源时,从数据源和接收装置工作是一个很好的组织策略。尤其是这些可能包括关系数据、CSV 平面文件,甚至包含图像或日志文件的目录。

在使用这种数据源和接收装置策略时,有组织的方法将包括以下内容:

- 识别数据源/接收装置类型,并提供数据采集、数据验证和数据清理(如有必要)的组件。对于这个示例,我们将使用 Splunk、Tika 和 Spring Framework。
- 将"业务逻辑"视为黑盒子。最初专注于数据输入和输出以及支持技术栈。如果业务逻辑相对简单,已经打包为库,定义明确,并且能够直接实现,我们可将业务逻辑组件视为独立模块或"插件"。

15.3.2 由中间向外发展

由中间向外发展意味着:从应用程序构建的"中间"开始,朝着两端努力,在我们的示例中,始终以数据源作为进程的开始,数据接收装置或者最终结果存储库作为数据管道的结束。我们开发的"中间"本质上是要开发的"业务逻辑"或"目标算法"。我们首先考虑一般的技术栈(例如选用 Hadoop、Spark、Flink 或者使用一个或多个这样的混合方法)。

15.3.3 基于企业集成模式(EIP)的开发

基于 EIP(Enterprise Integration Pattern)的开发是开发管道的有用方式,如图 15-3 所示。正如我们所看到的,一些标准工具包专门用于实现 EIP 组件,并且系统的其他部分可以使用 EIP 进行概念化。我们先来看几个 EIP 图表。

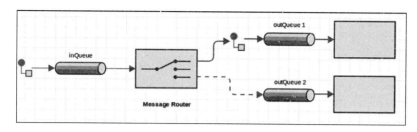

图 15-3　简单的企业集成模式(EIP)

我们可以使用任意免费提供的 EIP 图表编辑器来绘制 EIP 图,如 draw.io 工具(draw.io)或 Omnigraffle(omnigraffle.com)。然后可以使用 Spring Integration 或者 Apache Camel 来实现管道。

在 Hohpe 和 Woolf(2004)中可以找到关于 EIP 符号的完整描述。

图 15-4 所示的组件可以使用 Apache Camel 或 Spring Integration 实现。两个端点分别是数据提取和数据持久化。类似小电视屏幕的符号表示数据可视化组件和/管理控制台。

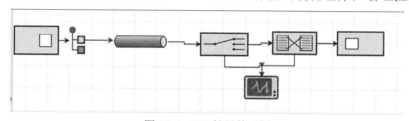

图 15-4　EIP 扩展的示例

15.3.4　基于规则的消息管道开发

我们讨论了基于规则的系统以及它们如何用于第 8 章中的控制、调度和面向 ETL 的操作。然而,基于规则的系统可用作数据流的中心或核心控制机制,如图 15-5 所示。

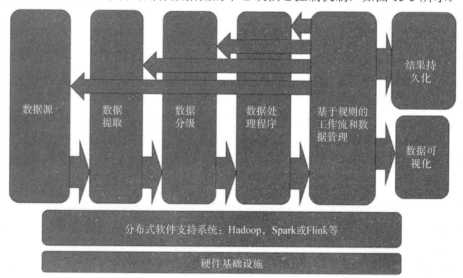

图 15-5　基于规则的数据流管道架构

图 15-5 显示了基于规则的数据管道的典型架构,其中管道中的所有处理组件都由基于规则的工作流/数据管理组件控制。让我们来看看如何实现这样一个架构。

15.3.5 控制+数据(控制流)管道

当定义一个控制机制和被控制的数据阶段时,我们本质上可以回到典型的管道和过滤器设计模式。如图 15-6 所示的 EIP 图解。

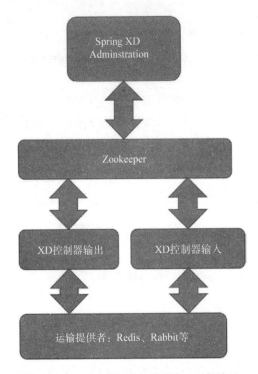

图 15-6 不同类型数据管道的 EIP 图解

15.4 本章小结

本章讨论了通用数据管道的构建。通用数据管道是大数据分析系统的重要起点:概念和现实的应用程序构建。这些通用管道作为更多应用程序特定扩展的分段区域和实验性概念验证系统。在进一步开发之前,实验性概念验证系统可能需要进行更多修改和测试。从一个强大的通用技术基础出发,使得有效执行重复工作更容易,并且如果应用程序需求发生改变,则执行"后退一步"。

本章讨论了五个基本的管道建设策略:从数据源和接收装置工作,由中间向外发展(以分析堆栈为中心的开发),企业集成模式(EIP)管道开发,基于规则的消息管道和控制+数据(控制流)管道。同时讨论了支持上述五种通用管道策略的库、技术和代码。

在第 16 章和最后的附录中,将讨论大数据分析的未来方向,以及这种类型的系统未来的发展情况。

15.5 参考文献

1. Hohpe, Gregor, and Woolf, Bobby. *Enterprise Integration Patterns: Designing, Building, and Deploying Messaging Solutions.* Boston, MA: Addison-Wesley Publishing, 2004.

2. Ibsen, Claus, and Ansley, Jonathan. *Camel in Action.* Stamford, CT: Manning Publications, 2011.

3. Kavis, Michael. *Architecting the Cloud: Design Decisions for Cloud Computing Service Models.* Hoboken, NJ:John Wiley and Sons, Inc., 2014.

4. Mak, Gary. *Spring Recipes: A Problem-Solution Approach.* New York, NY: Springer-Verlag, Apress Publishing, 2008.

第 16 章

大数据分析的总结与展望

最后一章,我们将对前面章节所学到的内容进行总结,并讨论大数据分析的发展趋势,包括用于数据分析的孵化项目和初期项目。我们也推测大数据分析以及 Hadoop 生态系统的未来(也包括 Apache Spark 等内容)。

请注意大数据的 4 大特点,即 4V(Velocity, Veracity, Volume, Variety);大数据会随时间的推移变得越来越大、越来越复杂。我们的主要结论是:大数据分析解决方案的范围和有效性也必须随之继续增长,以便与现有数据保持同步!

16.1 总结

在本书中,我们已经对分布式业务分析系统进行了技术调查,特别是将 Hadoop 作为架构、实现、部署和应用的出发点和构建模块。我们已经对一些语言、工具包、库和框架进行了讨论,上述均为构建和运行新型 Hadoop BDA 最有用的方法。我们试图遵守一些策略原则,同时继续保持灵活,保证适用于未来几个月或几年出现的新需求和软件组件。

这些策略原则包括:

(1) 使用模块化设计/构建/测试策略来保持软件相关性、版本和测试一体化。在我们的实例中,使用专家和相关软件工具来管理构建、测试、部署以及新软件模块的添加/删除或者版本更新。这并不意味着我们排除了额外必要的构建工具,如 Bower、Gradle 和 Grunt 等。相反,所有好的构建工具、内容管理者和测试框架应该在一起灵活工作。例如,在我们的实验系统中,会经常看到 Maven、Grunt、Bower 和 Git 组件在一起协调一致,几乎没有任何冲突和不兼容的情形。

(2) 策略性地选择一个技术栈能够适应未来需求和变化的要求。记住,体系架构视图允许系统设计人员一起工作以构建和维护一致的技术栈,从而满足需求。对于实现技术作出正确的初始选择是非常重要和合适的,但是存在一个灵活的方法使错误得到修正将更令人满意。

(3) 能够以一种尽可能无缝的方式适应不同的编程语言。因此需要适当地选择技术栈,因为目前即使一些最简单的应用也是多语言应用,在一个框架中可能同时包含 Java、JavaScript、HTML、Scala、Python 等多个组件。

(4) 选择合适的"组合件"用于构件集成、测试、优化和部署。正如书中的示例所述,

"组合件"就是将组件结合在一起。对于开发人员而言是幸运的，许多组件和框架因为此目标而存在，包括 Spring 框架、Spring 数据、Apache Camel、Apache Tika 和专用软件包(如 Commons Imaging 等)。

(5) 最后，要保持灵活敏捷的方法使系统适应新发现的需求、数据集、变化的技术和数据源的容量、复杂性、数量。需求在改变，支持技术也需要改变。从长远意义来看，一种自适应方法可节省时间和减少返工。

总之，我们相信遵循以上系统构建的策略方法将有助于架构师、开发人员和管理人员实现功能性的业务分析系统，其灵活性、可扩展性足以适应不断变化的技术，并能处理具有挑战性的数据集，能构建数据管道，并提供有用的且具有说服力的报告功能，包括使用正确的数据可视化来详细描述结果。

16.2 大数据分析的现状

在最后一章的剩余部分，我们将对 Hadoop 的现状进行检查并指出未来可能的一些方向和发展，考虑"未来 Hadoop"当然包括分布式技术的表现和演变——类推到 Apache Spark、YARN、Hadoop 2 如何成为 Hadoop 及其目前生态系统演变过程中的里程碑。

首先，我们必须追溯到 19 世纪。

数据处理技术的第一次危机至少可追溯到 1880 年。那一年，美国使用当时流行的技术花费 8 年时间进行人口普查。到 1952 年，美国人口普查使用通用自动计算机进行处理。此后，数据处理技术所面临的挑战依靠以下进步被接连地解决：机械的、电子的集成电路硬件方案，软件技术的演变和改革(例如广义编程语言)以及媒介组织(从初期的照片和录音资料到最新的电子流、视频处理和存储、数字媒体记录技术)。

1944 年，有远见的图书管理员 Fremont Rider 提醒提防"信息危机"的危险(当时指存储在物理图书馆中的文档数量)，并提出了新颖的解决方案"微卡"：这是一种表示我们现在称之为"元数据"的方法，元数据被放在透明微缩胶片的一面，而图书本身的各个页面则显示在另一面。Fremont Rider 认为通过使用"微卡"可以对某类珍贵的图书和手稿进行保存，使其免受战争的破坏。而现在"永久性数据"可以在网上类似于 www.archive.com 的项目中找到。通过 Fremont Rider 的发明我们看到了电子书的存档。

从穿孔卡片、机械计算器到 Rider 的缩微胶卷解决方案，我们已经在电子计算机方面取得了很大进展。但请记住，许多计算和分析问题依然存在。随着计算能力的增加，数据量和可用性(大量传输数据的传感器)不仅需要大数据分析，而且需要一个所谓的"传感器融合"处理过程，其中有不同种类的结构化、半结构化和非结构化数据(信号、图像和各种形状和大小的数据流)必须集成到一个共同的分析图像中。无人机和机器人技术是"未来 Hadoop"的两大领域，强大的传感器融合项目正在有序进行。

无论软件和硬件组件变得如何先进，统计分析在世界大数据分析领域仍将占有一席之地。如图 16-1 和图 16-2 所示的旧式分析可视化依然存在一定空间。至于分类、聚类、特征分析、态势识别、共性、匹配等，我们期待看到所有这些基本技术重新融入越来越强大

第 16 章 大数据分析的总结与展望

的库中。最重要的是，数据、元数据格式的标准化和使用贯穿了整个大数据社区，允许我们发展未来几十年的 BDA 软件编程范例。

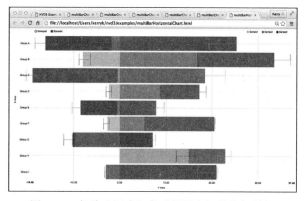

图 16-1　各种"旧式"条形图用来汇总分组数据

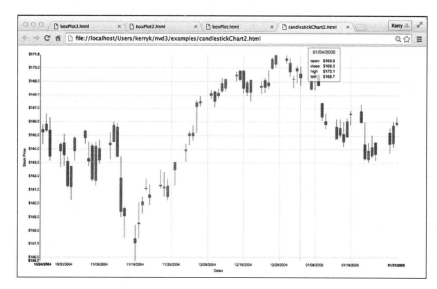

图 16-2　"旧式"蜡烛图仍然可以用来总结时间顺序数据

当我们考虑大数据分析的当前状态时，会立即想到很多问题。例如，当我们解决数据分析问题时，我们必须覆盖多大范围？就组件而言，业务分析的限制是什么(记住我们的问题定义和范围)？业务分析在何处结束，信息技术和计算机科学的其他方面从何处开始？

就组件而言，让我们快速回顾一下"业务分析"究竟是什么。我们可能从组件和功能的一组清单开始，如下所示：

(1) 数据仓库组件。Apache Hive 开始作为访问数据仓储技术与 Hadoop 一起使用，并且仍然被大量软件应用。

(2) 商业智能(BI)功能。传统的"商业"智能(BI)定义包括数据和过程挖掘、预测分析、事件处理组件，但在分布式 BI 领域，也可能包括涉及模拟仿真、深度学习和复杂模型构建的相关组件。BI 可为数据集提供历史、当前或预测视图，并可能有助于"操作分析"领域，有助于改进 BI 解决方案应用的现有操作。

(3) 企业集成管理(EIM)。EIM 由企业集成模式(EIP)的整个领域协助。许多软件组件，包括"组合件"，如 Apache Camel 均基于 Hohpe 和 Woolf 所著经典书籍 *Enterprise Integration Patterns* 中全部或大部分 EIP 的实现。

(4) 企业绩效管理(EPM)。EPM 是供应商(特别是 Cloudera)非常感兴趣的领域。由 Bernard Marr 撰写的一个有趣且经典的文章"大数据分析的 3 种方式"将改变企业绩效管理。

(5) 分析应用(独立组件和功能)。许多孵化及全新的库和框架等待该应用。

(6) 主要功能需求：管理、风险和带有审计的合规管理。

(7) 安全和集成安全始终贯穿核心、支持的生态系统和分布式分析应用。在早期的 Hadoop 开发中，Hadoop 生态系统中的许多组件安全考虑不足。数据世系和实时监测分布系统是"未来 Hadoop"面临的两大挑战，但它们是 Hadoop、Apache Spark 分布式系统改进安全性措施的重要示例。

大数据分析功能将持续发展壮大。硬件和软件技术包括人工智能的研究和创新有助于机器学习和深度学习技术，对于大数据分析技术进一步发展也是必要的。开源库和不断发展的软件社区使新系统的开发变得更加容易。

16.3 "孵化项目"和"初期项目"

本书中我们经常提到"成熟的软件项目"、"孵化项目"和"初期项目"。在该小节，我们希望了解这些术语的含义并指出它们对于架构师和开发人员追踪队列中的孵化项目和初期项目究竟有多大用途。请注意，我们的例子主要来自 Apache.org 网站，该网站为获取成熟的技术组件提供了丰富的资源，但存在很多其他网站用于特定的领域需求。例如，不同阶段(如成熟阶段、开发阶段、使用阶段)中的各类图像处理工具包在网站 http://www.mmorph.com/resources.html 和其他一些类似网站上列出。

如果你查看 apache.org(http://incubator.apache.org/projects/)上的 Apache 软件组件列表，你将看到大量项目，包括目前正在孵化的项目、孵化之后成熟的项目甚至孵化后过期的项目。孵化后的项目凭借自己的能力继续成为成熟的 Apache 项目，而离退项目即使在"过期"事件之后也可以持续发展。

虽然孵化项目列表不断变化，但检查一下孵化项目如何与上述业务分析组件及功能列表相匹配是非常有意义的。例如 Apache Atlas(http://atlas.incubator.apache.org)将 Hadoop 用于企业管理服务，将"业务分类注释"用于数据分类；提供审计、搜索、世系及安全功能。与传统的 Apach Hive 数据仓库组件相比，Lens(http://incubator.apache.org/projects/lens.html)以无缝方式集成了 Hadoop 与传统的数据仓库，提供了数据的单一视图。Lens 出自于孵化项目并于 2015 年 8 月 19 日变为成熟的 Apache 项目。

Apache Lenya(http://incubator.apache.org/projects/lenya.html)是内容管理系统，凭借自身能力已经升级为 Apache 项目。

安全性是 Hadoop 分布式系统中的一个关键问题，一些孵化组件可以解决这些问题。

下面列出目前的一些孵化项目。

Metron(http://incubator.apache.org/projects/metron.html)是一个用于安全组织和分析的集成工具，集成 Hadoop 系统的一些组件来提供可扩展的安全分析平台。

Ranger(http://incubator.apache.org/projects/ranger.html)是一个跨越 Hadoop 平台的数据安全管理框架。

"分析应用"可能是上述组件和功能列表中最常见的类别，目前有多个孵化实现能够支持组件集成、数据流构建、算法实现、仪表板、统计分析，能支持任意分布式分析应用程序的必要组件。

(1) Apache Beam(http://incubator.apache.org/projects/beam.html)是一套语言特定的 SDK，定义和执行数据处理工作流和其他类型的工作流，包括数据采集、集成等。Beam 支持 EIP(企业集成模式)以类似的方式用于 Apache Camel 系统。

(2) HAWQ(http://incubator.apache.org/projects/hawq.html)是企业质量分析机，包括 MPP (大规模并行处理)；MPP 是源于 Pivotal's Greenplum 数据库框架的 SQL 框架。HAWQ 源于 Hadoop。

(3) Apache NiFi(http://nifi.apache.org/index.html)是一种高度可配置的数据流系统，在本书撰写时已经成为 Apache 孵化器的新增功能。有趣的是，NiFi 提供了基于 Web 的界面来设计、监听和控制数据流。

(4) MadLib(http://madlib.incubator.apache.org)是基于 HAWQ SQL 框架的大数据分析库(http://hawq.incubator.apache.org)，是一种接近实时的企业数据库和搜索引擎。

16.4　未来 Hadoop 及其后续思考

在写这本书时，对于 Apache Hadoop 的研究已经进行很多年。由 Apache Lucene 和全文搜索引擎项目展开，它及其潜在的后继者如 Apache Spark 等均具有自己的生命周期。Hadoop Core 和 Hadoop 生态系统的下一个阶段是什么？演化用于大数据分析领域？

Hadoop 开发人员和架构师目前的一个问题是"Hadoop 是否过时？"或更确切地说，鉴于 Hadoop 1 已被 Hadoop 2 取代，在某些领域 Apache Spark 似乎已经取代了 Hadoop，使用 Hadoop 及其生态系统是否可行？是否存在其他更好的生态系统可能替代 Hadoop 系统？

我们仅在最后一节中提供这些问题的初步回答，阐述我们对 Hadoop 生态系统现状以及未来发展可能途径的观点。

请注意 Hadoop 当前的功能架构，如图 16-3 所示。基于前几章中学到的知识，我们得出一些结论。

图 16-3 所示的图形将不断发展,随着时间的推移可能最终增加或减少一些额外的组件。

(1) **工作流及调度**：工作流和调度可能通过 Hadoop 组件(如 Oozie)进行处理。

(2) **查询和报告功能**：查询和报告功能也可以包括可视化及仪表板功能。

(3) **安全、审计和遵从性**：Apache umbrella 之下的新孵化项目解决了 Hadoop 生态系统内的安全性、审计和遵从性挑战。其中的一些安全组件示例包括 Apache Ranger(http://hortonworks.com/apache/ranger/)、Hadoop 集群安全管理工具。

(4) **集群协调**：集群协调通常由一些框架提供，如 ZooKeeper 和支持 Apache Curator 的库。

(5) **分布式存储**：HDFS 并非唯一适应分布式存储的方式。供应商如 NetApp 已经将 Hadoop 连接器用于 NFS 存储系统。

(6) **NoSQL 数据库**：正如第 4 章所述，存在多种 NoSQL 数据库技术可供选择，包括 MongoDB 和 Cassandra。图数据库(如 Neo4j 和 Giraph)也是流行的 NoSQL 框架，拥有它们自己的库用于数据传输、计算和可视化。

(7) **数据集成功能**：数据集成和组合件还可以继续演变，与不同的数据格式、遗留程序、遗留数据、关系数据库、NoSQL 数据库、数据存储(如 Solr/Lucene)保持同步。

(8) **机器学习**：机器学习和深度学习技术已经成为任意 BDA 计算组件重要的组成部分。

(9) **脚本功能**：高级语言(如 Python)的脚本功能正在快速发展。交互式 shell 或 REPL (read-eval-print loop)也同样发展迅速。即使备受推崇的 Java 语言也包括 REPL 版本 9。

(10) **监控和系统管理**：Ganglia 中的基本功能 Nagios 和 Ambari(用于监控和管理系统)将会继续发展。一些较新的系统监控和管理包括 Cloudera Manager(http://www.cloudera.com/products/clouderamanager.html)。

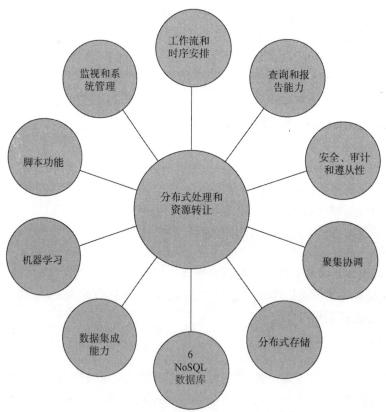

图 16-3　目前 Hadoop 技术和功能的功能视图

16.5 不同观点：目前 Hadoop 的替代方案

目前 Hadoop 并不是分布式大数据分析的唯一途径。对于 Hadoop 平台和生态系统演化存在许多替代选择。其中一些已经得到 Apache 基金会的支持。请注意其中包括 Apache Flink(flink.apache.org)这个分布式大数据分析框架，为分批处理和流数据处理提供基础架构。

Flink 可使用报文通信系统(如 Apache Kafka)中的数据。

Apache Storm(storm.apache.org)是 Apache Spark 的另一个潜在竞争对手。Storm 是一个实时的、分布式流处理计算系统，并且支持机器学习、ETL 和连续计算。

16.6 在"未来 Hadoop"中使用机器学习和深度学习技术

算法实现、"帮助库"、机器学习、深度学习库和框架以及 Mahout 和 MLib 等经典库的改进是现代 BDA 实现中非常重要的组件。它们支持每次执行的各种任务，并构建一个数据处理管道。我们应该指出"机器学习"和所谓的"深度学习"间的区别，深度学习是"多层神经网络"算法的一个较新的术语。其中一个非常有趣的例子是 Apache Horn 孵化项目，更多细节描述如下。机器学习作为一个整体，经常被作为人工智能过程中"演化的优先阶段"，而"深度学习"则是更先进的阶段。支持向量机、朴素贝叶斯算法、决策树算法通常被称为"浅"学习技术，因为与深度学习器不同，在输出数据之前，输入不会通过多个非线性处理步骤。这些所谓的"浅"技术被降级为"机器学习"，而更先进的技术通常使用多个处理阶段，是"深度学习"的一部分。

Apache(以及其他地方)的一些孵化库可解决 ML 和 DL 问题，还可支持各种技术堆栈和平台，包括：

(1) Apache SystemML(http://systemml.apache.org)：该库支持很多标准算法，能够使用 Hadoop 或 Spark 以分布式方式运行。SystemML 是有效的且可扩展的，以一种独立模式运行，如同在 Hadoop 集群上运行一样。

(2) DL4J(http://deeplearning4j.org)：DL4J 具有许多高级功能，如支持 GPU 编程。

(3) H2O 和 Sparkling Water(http://h2O.org)：Sparkling Water 是基于 H2O 和 Apache Spark 的机器学习库。这些组件在 Scala 中可编程，并具有多种算法。

(4) MLib for Apache Spark(spark.apache.org)：MLib 是 Spark 中一个可扩展的机器学习库。

(5) Apache Mahout(apache.mahout.com)：Mahout 是 Hadoop 生态系统中一个有价值的重要组成部分。

(6) Cloudera Oryx 机器学习库(https://github.com/cloudera/oryx)：Oryx 是一个机器学习库，支持多种算法。

(7) 分布式 R|Weka(https://github.com/vertica/distributedR，http://weka.sourceforge.net/package MetaData/distributedWekaHadoop/index.html)：分布式 R 和 Weka 对各种分布式统计分析进行了良好配对，广泛的执行算法可用于 R 和 Weka 来更便捷地实现数据管道。

(8) Apache Horn(https://horn.incubator.apache.org)：Apache Horn 是一个易于使用的深度学习孵化项目。虽然处在初期开发阶段，Apache Horn 已经用于为分布式分析设计和构建有用的、基于神经网络的组件。

(9) 并行查看这些工具包的各个功能很有用，所以图 16-4 列出机器学习工具包的"特征矩阵"供你参考。

	Naive Bayes	Decision Trees	K Means	Deep Learning	Logistic Regression	SVM	Multi-Layer Perceptron	ALS	Linear Regression	NLP Support
Mahout	X	X	X		X		X	X	X	
H2O	X	X	X		X		X		X	
Deeplearning4j				X			X			X
MLlib		X							X	
Scikit-learn	X	X	X		X		X		X	
TensorFlow				X						
Apache Horn *										
FlinkML								X	X	
Oryx 2		X	X					X		

图 16-4 ML 工具包的特征矩阵

有关 Apache Horn 的最新信息，请访问孵化网站 https://horn.incubator. apache.org。

16.7 数据可视化和 BDA 的前沿领域

随着图数据库和复杂可视化库(如 D3、Sigmajs 等)组合的兴起，数据可视化已经成为大数据分析的关键组成部分。创建、可视化、交互编辑复杂的大型数据集变得更加容易。在第 10 章可以看到一些示例。数据可视化未来的方向有很多，包括全息摄影的开发、虚拟现实和远程呈现技术。当其中很多技术存在一段时间之后，分布式软件系统使复杂的"虚拟现实系统"成为可能，因为"准实时"的处理系统变得更为有效。这将有助于处理更大、更复杂的数据集，同时保持兼容性、有效性并与现有的分析库无缝存在。事实上，许多现代机器学习、深度学习框架和统计框架支持 BDA(如 R 和 Weka)，均包含自己的可视化组件和仪表板。虽然一些旧式可视化库用 Java(甚至 C)编写，但许多现代可视化库支持多语言绑定，特别是 JavaScript，当然还有基于 Scala 和 Python 的 API，正如前面章节所看到的。

16.8 结束语

当我们考虑"未来 Hadoop"的命运时，请注意当今大数据技术所面临的问题和挑战。其中的一些挑战如下：

(1) 成熟预测分析的可用性：能够从现有数据中预测未来数据一直是业务分析的目标，但很多研究和系统建设仍有待完成。

(2) 将图像和信号作为大数据分析：第 14 章讲述"图像大数据"概念，正如所指出的那样，工作仅开始于复杂的数据源，当然包括时间序列数据和来自各种不同传感器的"信号"，包括 LIDAR、用于法医分析的化学传感器、医疗工业应用、来自车辆的加速度计和倾斜传感器数据等。

(3) 输入源数据速度更快，多样性、数量更大：至于所需的数据处理速度、结构的多样性、结构的复杂程度以及原始数据数量，这些要求将会变得越来越苛刻；但硬件和软件能够应对更强大的架构挑战。

(4) 将不同类型的数据源合并到统一的分析中："传感器融合"只是将数据合并到一个"统一场景"的一个方面，数据格局由传感器测量和映射。分布式人工智能、机器学习的演变以及相对较新的领域"深度学习"，提供潜在途径超越简单的数据源的聚合与融合，可实现语义、上下文、预测以及原始数据统计分析。这将完成复杂模型构建、数据理解系统和先进的决策系统应用。

(5) 人工智能(AI)和大数据分析融合：人工智能、大数据、数据分析一直共同存在。近年来分布式机器学习(ML)和深度学习(DL)的进展更加模糊了这些领域之间的界限。深度学习库(如 Deeplearning4j)通常应用于 BDA 应用程序。许多有用的应用解决方案被提出，在这些方案中，AI 组件已经与 BDA 无缝集成。

(6) 基础结构和低级支持库演化(包括安全性)：基于 Hadoop 的应用程序的基础架构支持工具包通常包括 Oozie、Azkaban、Schedoscope 和 Falcon。低级支持和集成库包括 Apache Tika、Apache Camel、Spring Data 和 Spring 框架本身等。Hadoop 专用安全组件、Spark 及其生态系统包括 Accumulo、Apache Sentry、Apache Knox Gateway 等。

无论你是程序员、建筑师、管理人员或分析员，现在都是投身于大数据分析领域的良好时机。许多有趣的、颠覆性的未来有待进一步发展。Hadoop 经常被视为达到更强大分布式分析系统的演变阶段，无论这种演变前进到不同于"众所周知的 Hadoop"或者我们熟悉的 Hadoop 系统，进化其生态系统都将用更好的方式处理更多的数据。Hadoop 是当前计算产业的主要参与者。我们希望你喜欢这项关于 Hadoop 大数据分析技术的调查，正如我们乐于将该技术呈现给你一样。

附录 A

设置分布式分析环境

本附录列出为独立分布式分析实验和开发设置单机的分步指南，使用 Hadoop 生态系统及相关工具和库。

当然，在分布式生产环境中，服务器集群可为 Hadoop 生态系统提供支持。数据库、数据源和接收装置以及消息传递软件分布在多个硬件装置中，特别是具有静态接口并通过 URL 访问的组件。请参阅附录末尾列出的参考文献，这些文献详细说明如何配置 Hadoop、Spark、Flink 和 Phoenix，并确保你参考适当的在线信息页面从而获取有关这些支持组件的最新信息。

这里给出的大多数指令与硬件无关。但是，这些指令对于 MacOS 环境特别适合。

最后一个注意事项：虽然有时也可以在 Windows 环境中运行 Hadoop 程序，但大多数组件都建议在基于 Linux 或 MacOS 的环境中运行。

总体安装计划

示例系统包含的大量软件组件围绕以 Java 为中心的 maven 项目构建：其中大部分用 maven pom.xml 文件中找到的依赖项表示。但许多组件使用其他基础架构、语言和库。你如何安装这些组件——甚至是否使用它们——是可选的。你的平台可能会有所不同。

正如我们之前提到的，本书仅对 MacOS 安装进行简单介绍。有以下几个原因。Mac 平台是最简单的环境之一，用于构建独立的 Hadoop 原型；贯穿本书的组件已经经历了多个版本和调试过程，极其稳定。在我们讨论总体安装计划之前，回顾一下示例系统中存在的组件表，如表 A-1 所示。

表 A-1 组件表

序号	组件名称	所在章节	网址	描述
1	Apache Hadoop	所有	hadoop.apache.org	map/reduce 分布式框架
2	Apache Spark	所有	spark.apache.org	分布式流框架
3	Apache Flink	1	flink.apache.org	分布式流及批处理框架
4	Apache Kafka	6, 9	kafka.apache.org	分布式消息传送框架
5	Apache Samza	9	samza.apache.org	分布式流处理框架
6	Apache Gora		gora.apache.org	内存数据模型及持久性
7	Neo4J	4	neo4j.org	图数据库
8	Apache Giraph	4	giraph.apache.org	图数据库

(续表)

序号	组件名称	所在章节	网址	描述
9	JBoss Drools	8	www.drools.org	规则框架
10	Apache Oozie		oozie.apache.org	Hadoop 作业的调度组件
11	Spring Framework	所有	https://projects.spring.io/springframework/	控制反转框架(IOC)及组合件
12	Spring Data	所有	http://projects.spring.io/spring-data/	Spring Data 处理(包括 Hadoop)
13	Spring Integration		https://projects.spring.io/springintegration/	支持面向企业集成模式的程序设计
14	Spring XD		http://projects.spring.io/spring-xd/	extreme data 结合其他 Spring 组件
15	Spring Batch		http://projects.spring.io/spring-batch/	可重用的批处理函数库
16	Apache Cassandra		cassandra.apache.org	NoSQL 数据库
17	Apache Lucene/Solr	6	lucene.apache.org	
18	Solandra	6	https://github.com/tjake/Solandra	Solr+Cassandra interfacing
19	OpenIMAJ	17	openimaj.org	使用 Hadoop 的图像处理
20	Splunk	9	splunk.com	以 Java 为中心的日志记录框架
21	ImageTerrier	17	www.imageterrier.org	使用 Hadoop、面向图像的搜索框架
22	Apache Camel		camel.apache.org	Java 中一般用途的组合件：执行 EIP 支持
23	Deeplearning4j	12	deeplearning4j.org	Java Hadoop 和 Spark 的深度学习工具包
24	OpenCV | BoofCV		opencv.org	
25	Apache Phoenix		phoenix.apache.org	Hadoop 的 OLTP 及操作性分析
26	Apache Beam		beam.incubator.apache.org	创建数据管道的统一模型
27	NGDATA Lily	6	https://github.com/NGDATA/lilyproject	Solr 及 Hadoop
28	Apache Katta	6	http://katta.sourceforge.net	带有 Hadoop 的分布式 Lucene
29	Apache Geode		http://geode.apache.org	分布式内存数据库
30	Apache Mahout	12	mahout.apache.org	支持 Hadoop 与 Spark 的机器学习库
31	BlinkDB		http://blinkdb.org	大规模并行，交互式搜索引擎用于在大规模数据上执行交互式 SQL 查询
32	OpenTSDB		http://opentsdb.net	运行于 Hadoop 与 HBase 上的面向时间序列的数据库
33	University of Virginia HIPI	17	http://hipi.cs.virginia.edu/gettingstarted.html	带有 Hadoop 框架的图像处理接口

(续表)

序号	组件名称	所在章节	网址	描述
34	Distributed R and Weka statistical analysis support libraries		https://github.com/vertica/DistributedR	
35	Java Advanced Imaging (JAI)	17	http://www.oracle.com/technetwork/java/download-1-0-2-140451.html	低阶图像处理包
36	Apache Kudu		kudu.apache.org	快速分析处理库用于 Hadoop 生态系统
37	Apache Tika		tika.apache.org	内容分析工具包
38	Apache Apex		apex.apache.org	统一的流/批处理框架
39	Apache Malhar		https://github.com/apache/apex-malhar	与 Apache Apex 一起使用的操作及编码库
40	MySQL Relational Database	4		
41				
42	Maven, Brew, Gradle, Gulp	全部	mxaven.apache.org	构建、编译及版本控制基础架构组件

一旦安装了初始的基本组件，如 Java、Maven 和你喜欢的 IDE，另外一些组件可能会在你对其进行配置和测试时被逐步添加到系统中，如下所述。

设置基础架构组件

如果你积极开发代码，你会发现这些组件的一部分或全部已经被安装在开发环境中，特别是 Java、Eclipse(或你最喜欢的 IDE，如 NetBeans、IntelliJ 或其他)、Ant、Maven build 工具以及其他一些基础架构组件。示例系统中使用的基础架构组件如下所示，供你参考。

基本示例系统设置

建立基础开发环境。我们假设从一台空机器开始。你需要 Java、Eclipse IDE 和 Maven。它们分别提供了编程语言支持、交互式开发环境(IDE)和软件构建、配置工具。

首先，从 Oracle 网站下载相应的 Java 版本用于开发：

http://www.oracle.com/technetwork/java/javase/downloads/jdk8-downloads-2133151.html

当前使用的 Java 版本是 Java 8。使用 Java-version 验证 Java 版本是否正确。应该能够看到类似于图 A-1 的内容。

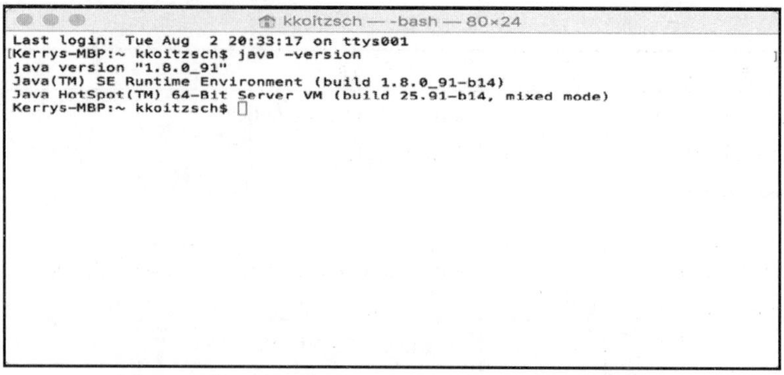

图 A-1 第一步：验证 Java 是否到位并具有正确版本

接下来，从 Eclipse 网站下载 Eclipse IDE。请注意，我们使用 Mars 版本的 IDE 用于本书所描述的开发。

http://www.eclipse.org/downloads/packages/eclipse-ide-java-ee-developers/marsr

最后，从 Maven 网站 https://maven.apache.org/download.cgi 下载 Maven 压缩版本。使用以下命令验证 Maven 的安装是否正确：

```
mvn --version
```

在命令行中，应该看到如图 A-2 所示的终端输出结果。

确保你可以无密码登录：

```
ssh localhost
```

如果不能，请执行以下命令：

```
ssh-keygen -t rsa
cat~/ .ssh / id_rsa.pub >>~/ .ssh / authorized_keys
chmod 0600~/ .ssh / authorized_keys
```

很多在线文档具有恰当使用 Hadoop 的 ssh 完整说明，以及几个标准的 Hadoop 参考。

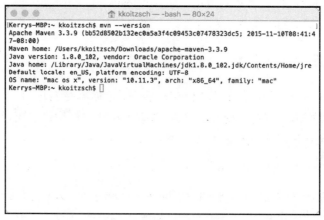

图 A-2 成功的 Maven 版本检测

Apache Hadoop 设置

Apache Hadoop、Apache Spark 和 Apache Flink 是示例系统基础架构的关键组件。本附录将讨论每个组件的简单安装过程。安装这些组件最简单的方法即参考经典的"如何安装"书籍和有关如何安装这些基本组件的在线教程，如 Venner(2009)。

必须将合适的 Maven 依赖添加到 pom.xml 文件中。

要配置 Hadoop 系统，还有几个参数文件也需要修改。

将相应的属性添加到 core-site.xml 中：

```xml
<configuration>
  <property>
     <name>fs.default.name</name>
     <value>hdfs://localost:9000</value>
  </property>
</configuration>
```

也添加到 hdfs-site.xml 中：

```xml
<configuration>
  <property>
     <name>dfs.replication</name >
     <value>1</value>
  </property>

  <property>
     <name>dfs.name.dir</name>
     <value>file:///home/hadoop/hadoopinfra/hdfs/namenode</value>
  </property>

  <property>
     <name>dfs.data.dir</name>
     <value>file:///home/hadoop/hadoopinfra/hdfs/datanode</value>
  </property>
</configuration>
```

安装 Apache Zookeeper

从 Zookeeper 下载页面下载最新版本。升级文件，并将以下环境变量添加到.bash_profile 或等效文件中。请注意安装 Zookeeper 需要使用另外一些组件，如 OpenTSDB。在网站 https://zookeeper.apache.org/doc/trunk/zookeeperStarted.html#sc_InstallingSingleMode 上查阅安装说明。

确保设置了合适的 Zookeeper 环境变量。包括：

```
export ZOOKEEPER_HOME=/Users/kkoitzsch/Downloads/zookeeper-3.4.8
```

Zookeeper 的示例配置文件可供下载。在文件 conf/zoo.cfg 中放置合适的配置值。

用以下命令启动 Zookeeper 服务器：

```
bin/zkServer.sh start
```

用以下命令检查 Zookeeper 服务器是否正在运行：

```
ps-al | grep zook
```

应该能够看到类似于图 A-3 的响应。

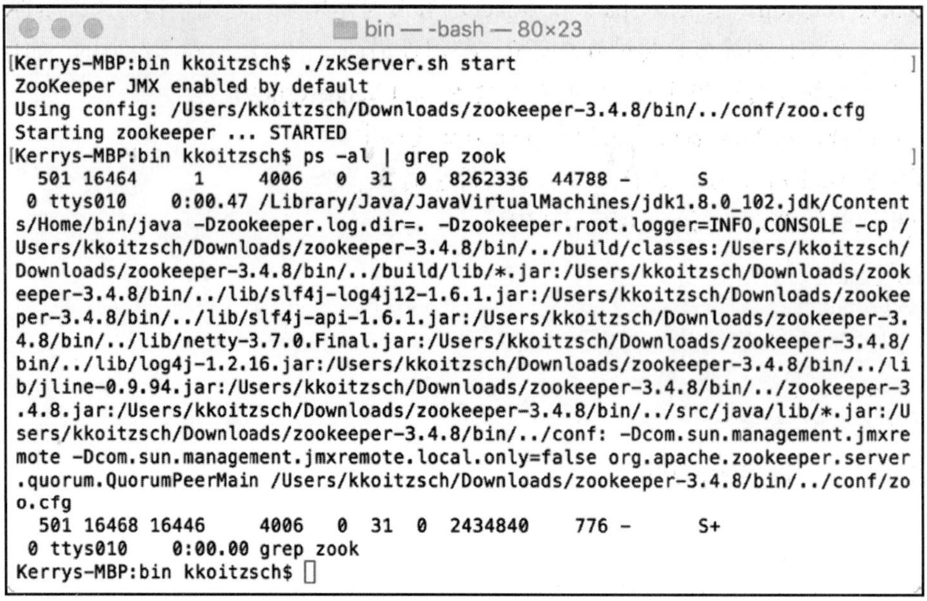

图 A-3　成功的 Zookeeper 服务器运行和进程检查

运行 Zookeeper CLI(REPL)，确保可以使用 Zookeeper 进行简单操作，如图 A-4 所示。

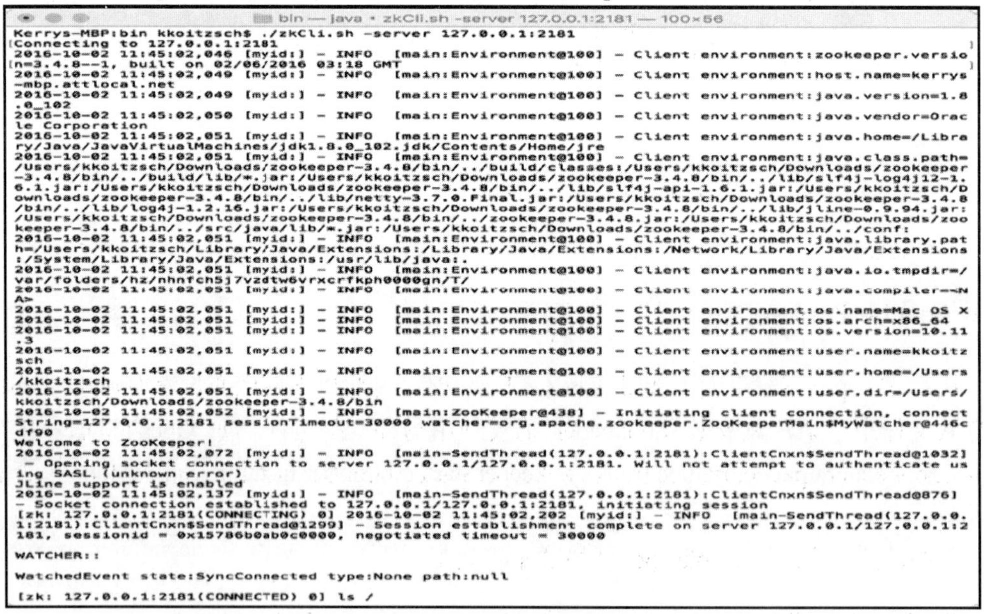

图 A-4　Zookeeper 状态检查

在 Zookeeper CLI 中尝试一些简单命令，以确保它正常工作。执行：

```
ls /
create / zk_test my_data
get / zk_test
```

应该显示如图 A-5 所示的结果。

```
bin — java ◂ zkCli.sh -server 127.0.0.1:2181 — 100×47

[zk: 127.0.0.1:2181(CONNECTED) 0] ls /
[zookeeper]
[zk: 127.0.0.1:2181(CONNECTED) 1] create /zk_test my_data
Created /zk_test
[zk: 127.0.0.1:2181(CONNECTED) 2] ls /
[zookeeper, zk_test]
[zk: 127.0.0.1:2181(CONNECTED) 3] get /zk_test
my_data
cZxid = 0x2
ctime = Sun Oct 02 11:46:15 PDT 2016
mZxid = 0x2
mtime = Sun Oct 02 11:46:15 PDT 2016
pZxid = 0x2
cversion = 0
dataVersion = 0
aclVersion = 0
ephemeralOwner = 0x0
dataLength = 7
numChildren = 0
```

图 A-5　命令行中成功的 Zookeeper 进程检查

参考 https://zookeeper.apache.org/doc/trunk/zookeeperStarted.html 获取更多的设置和配置信息。

安装基本的 Spring 框架组件

就像许多以 Java 为中心的组件一样，Spring 框架组件(及其系统组件，如 Spring XD、Spring Batch、Spring Data 和 Spring Integration)的安装分为两部分：下载源和系统本身，将正确的依赖项添加到 Maven 文件的 pom.xml。大多数组件易于安装和使用，并且一整套 API 标准贯穿于所有 Spring 组件。还有大量在线支持、图书资料和 Spring 社区可帮助你解决问题。

基本的 Apache HBase 设置

以通常的方式从下载站点下载 HBase 的稳定版本。解压缩并将环境变量添加到.bash_profile 或等效文件中。

Apache Hive 设置

Apache Hive 还有一些额外的步骤来进行设置。你应该已经安装了上述基本组件，包括 Hadoop。从下载网站下载 Hive，以常规方式解压缩，通过运行 schematool 来设置模式。

```
kkoitzsch — -bash — 154×16
Kerrys-MBP:~ kkoitzsch$ schematool --initSchema -dbType derby
SLF4J: Class path contains multiple SLF4J bindings.
SLF4J: Found binding in [jar:file:/Users/kkoitzsch/Downloads/apache-hive-2.1.0-bin/lib/log4j-slf4j-impl-2.4.1.jar!/org/slf4j/impl/StaticLoggerBinder.class
]
SLF4J: Found binding in [jar:file:/Users/kkoitzsch/Downloads/hadoop-2.7.2/share/hadoop/common/lib/slf4j-log4j12-1.7.10.jar!/org/slf4j/impl/StaticLoggerBin
der.class]
SLF4J: See http://www.slf4j.org/codes.html#multiple_bindings for an explanation.
SLF4J: Actual binding is of type [org.apache.logging.slf4j.Log4jLoggerFactory]
Metastore connection URL:        jdbc:derby:;databaseName=metastore_db;create=true
Metastore Connection Driver :    org.apache.derby.jdbc.EmbeddedDriver
Metastore connection User:       APP
Starting metastore schema initialization to 2.1.0
Initialization script hive-schema-2.1.0.derby.sql
Initialization script completed
schemaTool completed
Kerrys-MBP:~ kkoitzsch$
```

图 A-6　使用 schematool 成功初始化 Hive 模式

额外的 Hive 故障排除技巧

有关 Hive 安装和故障排除的一些技巧如下。
- 在第一次运行 Hive 之前，运行 schematool -initSchema -dbType derby
- 如果已经运行 Hive，并尝试初始化模式，但失败，则运行：

```
mv metastore_db metastore_db.tmp
```

- 重新运行 schematool -initSchema -dbType derby。
- 再次运行 Hive。

安装 Apache Falcon

可在命令行中使用以下 git 命令安装 Apache Falcon：

```
git clone https://git-wip-us.apache.org/repos/asf/falcon.git falcon
cd falcon
export MAVEN_OPTS="-Xmx1024m -XX:MaxPermSize=256m -noverify" && mvn clean install
```

安装 Visualizer 组件

讨论用户接口及可视化组件的安装与故障排除。

安装 Gnuplot 支持软件

Gnuplot 是 OpenTSDB 必要的支持组件。

在 Mac 平台上，使用 brew 命令安装 Gnuplot：

```
brew install gnuplot
```

在命令行中，成功的结果如图 A-7 所示。

图 A-7　成功安装 Gnuplot

安装 Apache Kafka 消息系统

关于 Kafka 消息系统安装和测试的细节已经在第 3 章中详细讨论。这里仅提及一些注意事项。

(1) 从 http://kafka.apache.org/downloads.html 下载 Apache Kafka tar 文件。

(2) 设置 KAFKA_HOME 环境变量。

(3) 解压缩文件并转到 KAFKA_HOME(这种情况下，KAFKA_HOME 为/Users/kerryk/Downloads/kafka_2.9.1-0.8.2.2)。

(4) 接下来，通过输入以下命令启动 ZooKeeper 服务器：

```
bin / zookeeper-server-start.sh config /zookeeper.properties
```

(5) ZooKeeper 服务一旦启动并运行，请输入：

```
bin / kafka-server-start.sh config / server.properties
```

(6) 测试主题创建，请输入：

```
bin/kafka-topics.sh -create -zookeeper localhost:2181 -replication-factor 1 -partitions 1 - topic ProHadoopBDA0
```

(7) 列出所有可用主题，请输入：

```
bin/kafka-topics.sh -list -zookeeper localhost:2181
```

(8) 在这个阶段，结果为 ProHadoopBDA0，即步骤 5 中定义的主题名称。

(9) 从控制台发送消息来测试消息发送功能，输入：

```
bin/kafka-console-producer.sh -broker-list localhost:9092 -topic ProHadoopBDA0
```
在控制台输入一些消息。

(10) 你可以通过修改相应的配置文件来设置多代理程序集群。查阅 Apache Kafka 文档找到详细的流程。

为分布式系统安装 TensorFlow

如 TensorFlow 安装指南
(https://www.tensorflow.org/versions/r0.12/get_started/index.html)中所述，通过验证以下环境变量确保 TensorFlow 正确运行：

- JAVA_HOME：Java 的安装位置
- HADOOP_HDFS_HOME：HDFS 的安装位置。也可通过运行以下命令设置该环境变量：

```
source $HADOOP_HOME/libexec/hadoop-config.sh
```

- LD_LIBRARY_PATH：添加 libjvm.so 路径，在 Linux 上的方式如下：

```
Export LD_LIBRARY_PATH=$LD_LIBRARY_PATH: $JAVA_HOME/jre/lib/amd64/server
```

- CLASSPATH：在运行 TensorFlow 程序之前，必须先添加 Hadoop jar。通过$HADOOP_HOME/libexec/hadoop-config.sh 进行的 CLASSPATH 设置不够充分。必须按照 libhdfs 文件中的描述对 Globs 进行扩展：

CLASSPATH = $($ HADOOP_HDFS_HOME / bin / hdfs classpath --glob)python your_script.py

安装 JBoss Drools

JBoss Drools(http://www.drools.org)是核心基础架构组件，用于基于规则的调度和系统编排，以及第 8 章中描述的 BPA 和其他目的。要安装 JBossDrools，需要从 JBoss Drools 站点下载相应的组件，并确保在 pom.xml 文件中添加适当的 Maven 依赖项。对于示例系统，这些依赖项已经添加。

图 A-8　JBoss Drools 的成功安装和测试

验证环境变量

请确保在.bash_profile 文件中正确设置环境变量 PROBDA_HOME(根目录)。

基本的环境变量设置至关重要。大多数组件需要设置基本变量，如 JAVA_HOME、PATH 变量应该被更新以包含二进制(bin)目录，这样程序可以被直接执行。代码清单 A-1 包含示例程序中使用的示例环境变量文件。可以根据需要添加其他适当的变量。在线示例代码系统也提供了一个.bash_profile 文件。

代码清单 A-1　一个完整的环境变量.bash_profile 文件的示例

```
export PROBDA_HOME=/Users/kkoitzsch/prodba-1.0
export MAVEN_HOME=/Users/kkoitzsch/Downloads/apache-maven-3.3.9
export ANT_HOME=/Users/kkoitzsch/Downloads/apache-ant-1.9.7
export KAFKA_HOME=/Users/kkoitzsch/Downloads/
export HADOOP_HOME=/Users/kkoitzsch/Downloads/hadoop-2.7.2
export HIVE_HOME=/Users/kkoitzsch/Downloads/apache-hive-2.1.0-bin
```

```
export CATALINA_HOME=/Users/kkoitzsch/Downloads/apache-tomcat-8.5.4
export SPARK_HOME=/Users/kkoitzsch/Downloads/spark-1.6.2
export
PATH=$CATALINA_HOME/bin:$HIVE_HOME/bin:$HADOOP_HOME/bin:$ANT_HOME/bin:$MAVEN_HOME/
bin:$PATH
```

确保运行 Hadoop 配置脚本$HADOOP_HOME/libexec/Hadoop-config.sh，如图 A-9 所示。

```
hadoop-2.7.2 — -bash — 112×58
Kerrys-MBP:hadoop-2.7.2 kkoitzsch$ ls
LICENSE.txt    bin         lib         sbin
NOTICE.txt     etc         libexec     share
README.txt     include     logs
Kerrys-MBP:hadoop-2.7.2 kkoitzsch$ source $HADOOP_HOME/libexec/hadoop-config.sh
Kerrys-MBP:hadoop-2.7.2 kkoitzsch$ printenv
HADOOP_DATANODE_OPTS=-Dhadoop.security.logger=ERROR,RFAS
SPARK_HOME=/Users/kkoitzsch/Downloads/spark-1.6.2
TERM_PROGRAM=Apple_Terminal
HADOOP_IDENT_STRING=kkoitzsch
SHELL=/bin/bash
TERM=xterm-256color
CATALINA_HOME=/Users/kkoitzsch/Downloads/apache-tomcat-8.5.4
HADOOP_HOME=/Users/kkoitzsch/Downloads/hadoop-2.7.2
TMPDIR=/var/folders/hz/nhnfch5j7vzdtw6vrxcrfkph0000gn/T/
HADOOP_PID_DIR=
Apple_PubSub_Socket_Render=/private/tmp/com.apple.launchd.ABCMnMZhrf/Render
HADOOP_PREFIX=/Users/kkoitzsch/Downloads/hadoop-2.7.2
TERM_PROGRAM_VERSION=361.1
OLDPWD=/Users/kkoitzsch
TERM_SESSION_ID=CE4DC6D4-172A-4758-B00A-8CF4C5F8C4D9
ANT_HOME=/Users/kkoitzsch/Downloads/apache-ant-1.9.7
USER=kkoitzsch
HBASE_HOME=/Users/kkoitzsch/Downloads/hbase-1.0.3
SSH_AUTH_SOCK=/private/tmp/com.apple.launchd.PCZAEM9Ki4/Listeners
MALLOC_ARENA_MAX=4
__CF_USER_TEXT_ENCODING=0x1F5:0x0:0x0
HADOOP_SECURE_DN_PID_DIR=
HADOOP_SECURE_DN_LOG_DIR=/
MAVEN_HOME=/Users/kkoitzsch/Downloads/apache-maven-3.3.9
PATH=/Users/kkoitzsch/anaconda/bin:/Users/kkoitzsch/Downloads/spark-1.6.2/bin:/Users/kkoitzsch/Downloads/apache-
tomcat-8.5.4/bin:/Users/kkoitzsch/Downloads/apache-hive-2.1.0-bin/bin:/Users/kkoitzsch/Downloads/hadoop-2.7.2/bi
n:/Users/kkoitzsch/Downloads/apache-ant-1.9.7/bin:/Users/kkoitzsch/Downloads/apache-maven-3.3.9/bin:/usr/local/b
in:/usr/bin:/bin:/usr/sbin:/sbin
HADOOP_HDFS_HOME=/Users/kkoitzsch/Downloads/hadoop-2.7.2
HADOOP_CLIENT_OPTS=-Xmx512m
HIVE_HOME=/Users/kkoitzsch/Downloads/apache-hive-2.1.0-bin
HADOOP_COMMON_HOME=/Users/kkoitzsch/Downloads/hadoop-2.7.2
PWD=/Users/kkoitzsch/Downloads/hadoop-2.7.2
HADOOP_YARN_HOME=/Users/kkoitzsch/Downloads/hadoop-2.7.2
JAVA_HOME=/Library/Java/JavaVirtualMachines/jdk1.8.0_102.jdk/Contents/Home
HADOOP_CLASSPATH=/Users/kkoitzsch/Downloads/hadoop-2.7.2/contrib/capacity-scheduler/*.jar
HADOOP_CONF_DIR=/Users/kkoitzsch/Downloads/hadoop-2.7.2/etc/hadoop
LANG=en_US.UTF-8
PROBDA_HOME=/Users/kkoitzsch/probda
XPC_FLAGS=0x0
HADOOP_PORTMAP_OPTS=-Xmx512m
HADOOP_OPTS= -Djava.net.preferIPv4Stack=true -Dhadoop.log.dir=/Users/kkoitzsch/Downloads/hadoop-2.7.2/logs -Dhad
oop.log.file=hadoop.log -Dhadoop.home.dir=/Users/kkoitzsch/Downloads/hadoop-2.7.2 -Dhadoop.id.str=kkoitzsch -Dha
doop.root.logger=INFO,console -Djava.library.path=/Users/kkoitzsch/Downloads/hadoop-2.7.2/lib/native -Dhadoop.po
licy.file=hadoop-policy.xml -Djava.net.preferIPv4Stack=true
HADOOP_SECONDARYNAMENODE_OPTS=-Dhadoop.security.logger=INFO,RFAS -Dhdfs.audit.logger=INFO,NullAppender
XPC_SERVICE_NAME=0
SHLVL=1
HOME=/Users/kkoitzsch
HADOOP_SECURE_DN_USER=
HADOOP_NAMENODE_OPTS=-Dhadoop.security.logger=INFO,RFAS -Dhdfs.audit.logger=INFO,NullAppender
HADOOP_MAPRED_HOME=/Users/kkoitzsch/Downloads/hadoop-2.7.2
```

图 A-9　成功运行 Hadoop 配置脚本并使用 printenv 进行测试

在命令行中使用 printenv 验证终端窗口启动时的默认环境变量设置，如图 A-9 所示。

参考

1. Liu, Henry H. *Spring 4 for Developing Enterprise Applications: An End-to-End Approach*. PerfMath, http://www.perfmath.com.Apparently self-published, 2014.

2. Venner, David. *Pro Hadoop*. New York, NY: Apress Publishing, 2009.

附录 B

获取、安装和运行示例分析系统

本书提供的示例系统是一个标准的 Maven 项目，可以和标准 Java 开发 IDE 一起使用，如 Eclipse、IntelliJ 和 NetBeans。所有必需的依赖项被包含在顶层 pom.xml 文件中。从指定的 URL 下载压缩项目。解压缩并将项目导入你最喜欢的 IDE。参考附加版本和配置信息示例系统中包含的 README 文件，以及故障排除技巧和最新的 URL 指南。许多软件组件的当前版本信息可以在软件附带的 VERSION 文本文件中找到。

一些标准的基础架构组件，如数据库、构建工具(如 Maven 本身、适当版本的 Java 等)和可选组件(例如一些计算机视觉相关的"帮助"库)必须先安装在新系统上，然后才能成功使用项目。组件如 Hadoop、Spark、Flink 和 ZooKeeper 应该独立运行，其环境变量必须被正确设置(HADOOP_HOME、SPARK_HOME 等)。

特别地，通过在命令行或其等价物上执行 printenv 命令以查看环境变量 PROBDA_HOME。

转到根目录后通过执行 Maven 命令来运行系统。

```
cd $PROBDA_HOME
mvn clean install -DskipTests
```

有关其他配置和设置信息，请参见附录 A。

有关测试和示例脚本指南和用法，请参阅相关的 README 文件。

故障排除常见问题和问题信息

有关故障排除和常见问题的信息，可参考相关网页。问题可能会被发送到相应的电子邮箱。

协助设置标准组件的相关文献

Venner, David. *Pro Hadoop.* New York, NY: Apress Publishing, 2009